U0636764

本书系山东省艺术科学重点课题
"《1844年经济学哲学手稿》与中国当代美学的互动关系研究"
（20103008）结题成果

美学传统的形成与突破

《1844年经济学哲学手稿》
与中国当代马克思主义美学

The Forming of Aesthetic Tradition and Breakout
——*Economic & Philosophical Manuscripts of 1844* and
Chinese Contemporary Marxism Aesthetics

周维山　著

中国社会科学出版社

图书在版编目（CIP）数据

美学传统的形成与突破:《1844 年经济学哲学手稿》与中国当代
马克思主义美学/周维山著．—北京：中国社会科学出版社，2011.11
ISBN 978-7-5161-0301-2

I.①美… II.①周… III.①马克思主义美学－研究②马克思著作－
手稿－研究 IV.①B83②A811.5

中国版本图书馆 CIP 数据核字（2011）第 230219 号

责任编辑　武　云
责任校对　王雪梅
封面设计　李尘工作室
技术编辑　戴　宽

出版发行　中国社会科学出版社
社　　址　北京鼓楼西大街甲 158 号　　　邮　编　100720
电　　话　010－84029453　　　　　　　传　真　010—84017153
网　　址　http://www.csspw.cn
经　　销　新华书店
印刷装订　三河市君旺印装厂
版　　次　2011 年 11 月第 1 版　　　印　次　2011 年 11 月第 1 次印刷
开　　本　710×1000　1/16
印　　张　14
字　　数　210 千字
定　　价　35.00 元

凡购买中国社会科学出版社图书，如有质量问题请与本社发行部联系调换
版权所有　侵权必究

序　一

纳入到主流学术体制中的中国当代美学已经走过了六十余年的行程，期间探讨了诸多理论问题，产生了不少大家、名家，形成了数个学术流派，对于前行中的当下美学研究来说是一笔不容忽视的学术遗产。不过，纵观学界对这段历程的"回望"式研究，按人、按流派、按领域进行介绍、归纳和总结的铺陈之作较多，总体上给人大同小异、新意匮缺之感，而真正能够切入到当代美学的历史语境、对相关理论发出新颖独到的深度反思与叩问的著述尚不多见。就其学术创意和理论架构所显露出来的理论品质而言，周维山的《美学传统的形成与突破——〈1844年经济学哲学手稿〉与中国当代马克思主义美学》应该可以归入后一种研究之列。

周维山的这部著作是在其博士学位论文的基础上认真改写而成的，历时多年，用了心力。该著学术创意上的出新之处首先在于借《1844年经济学哲学手稿》（以下简称《手稿》）与中国当代马克思主义美学的关系研究来透视和凸显中国当代美学的创新、成就和局限。中国当代美学的主体是马克思主义美学研究，而中国当代马克思主义美学的问题生发、流派创新、范式建构、学术走向等又都与《手稿》这部马克思的早期著作的传播和研究有着密不可分的关联。因此，《手稿》与马克思主义美学研究之间的关系即成为中国当代美学史研究的一个关键性问题。然而学界以往的研究，却往往只是分别地论述当代美学史上的相关事件、问题和人物，以及《手稿》相关思想和问题的研究与论争，或是在研究中国当代美学史的时候在一定的章节中涉及《手稿》美学思想的研究状况，很少以二者的关系为框架来展开当代美学史的研究。周维山的这部著作不仅敏锐地抓住了这个关键，而且对这一关系框架形成了辩证深入的认识，认为是《手稿》塑造了中国当代马克思主义美学，也是中国当代马克思主义美学选择了《手稿》，给予了它应有的地位，二者是互动的。从"塑造"与"选择"的关系上认识《手稿》与马克思主义美学研究之间的"互动"，显示出著者独到的理论识见。

与上述理论架构相关联，在历史语境的还原中分析《手稿》美学思想的蕴涵和价值，探讨中国当代美学的历史进路与基本问题，是该著给人留下较深印象的第二个出新之处。《手稿》对中国当代马克思主义美学的"塑造"，以及中国当代马克思主义美学对《手稿》的"选择"，都是有其实际历史语境的，而在不同历史语境基础上发生的"塑造"与"选择"的具体内容又是不尽相同的，要将这些处于动态历史过程中的具体内容说清楚、讲透彻，就需要历史语境的还原。对此，周维山有着较为明确的自觉意识和显而易见的理论追求。该著从中国当代美学发展的历程中挑选出三个具有历史节点意义的美学事件——新中国成立后五六十年代的美学大讨论、新时期 1980 年代的"美学热"、1990 年代以来的美学转型——作为理论叙事的历史时段，在历史时段的语境还原和语境变迁中，既较为细致地考察了《手稿》与中国当代马克思主义美学的学术关联及当代价值，也由此较为醒目地勾勒出中国当代美学传统的形成过程和贡献、其内在理论缺陷以及进一步发展所面临的理论困境。作者不仅从宏观上分析了《手稿》与中国当代马克思主义话语选择的深层次历史关联，而且在对当代美学的哲学基础和美学基本问题的梳理中也回溯到不同时段的具体语境中，这就使得各个章节的内容不仅充实具体，而且有

美学传统的形成与突破

条理有层次地展示出中国当代美学的动态演进历程。

　　基于中国当代美学前行的目的而反思历史，从历史的反思中寻求美学突破的可能性道路，是该著写作的第三个显著用心之处。作者认为，按照库恩的范式理论，新的范式的出现是不会脱离传统范式的，并且只能在传统的基础上蜕变或升华。同样，在人们思考中国当代马克思主义美学未来出路的时候，真正的发展是不会脱离现有的传统的，而任何想摆脱传统、另起炉灶的说法无疑都是假命题，只有立足于传统，才能开拓未来。基于此种认识，该著阐明，正是通过对《手稿》相关美学思想的研究和阐发，中国当代马克思主义美学才实现了由认识论美学向实践论美学的范式演化，从《手稿》中汲取思想营养所形成的当代实践论美学已成为新世纪的美学研究不能不面对的理论传统，如果说在20世纪五六十年代的美学大讨论和1980年代的"美学热"中，《手稿》都起到了非常重要的作用的话，那么可以说在自1990年代以来的美学转型中，《手稿》仍在继续发生作用，以另一种方式参与着中国当代马克思主义美学的建构。所谓后实践美学诸派别虽然打着超越实践美学的旗号，但是，他们对曾经是实践美学"圣经"的《手稿》不但没有放弃，反而在不同层面上吸收和利用了其中的理论资源。比如，他们提出的生存、存在、生命活动等基础性概念，虽然其理论来源于西方的现代哲学和美学，但也都是从《手稿》中寻找这些概念范畴的立论根据。作者以此证明，《手稿》的研究不仅对中国当代美学传统的形成发挥了巨大作用，也将在克服当代美学困境、实现美学理论突破中继续发挥重要作用，《手稿》的当代价值由此而凸显出来。

　　此外，周维山的这部著作对中国当代美学论争和发展中的许多具体问题的梳理和阐发也多有独到的思考。比如，关于新中国成立后五六十年代的美学大讨论，学界的反思和总结一般认为当时各家各派的争论主要是围绕"美究竟是客观的还是主观的"而展开的，是哲学立场之争。但周维山却指出，这场美学大讨论是围绕美的本质问题研究中

"美究竟是客观的还是主观的"展开的，并围绕对美的本质的回答形成四种不同的观点和派别。其实，关于美的本质问题的回答在美学大讨论中只是表层的问题，真正促使美学大讨论形成并推动其逻辑发展的，还有一个更为深刻的美学问题，即美究竟是功利的还是超功利的？只有从这个潜在的问题出发，才能真正理解《手稿》为新中国建立之初的美学大讨论所选择的内在逻辑。周维山所指出的这一点，是许多研究者未曾思及的。再比如，关于《手稿》中与"美的规律"紧密相关的"内在尺度"的理解，学界参与争论的各家大都是通过外语资料中词格、句法的分析来论证"内在尺度"究竟是属于客体的物还是主体的人。通过引述并分析这些论争，周维山指出，这样一种析义思路，在语法上、文法上都没有足够的证据能说服对方。为此，我们只能求助于马克思整个哲学的精神。马克思主义哲学是实践的哲学，其目的不仅是认识世界，而是改造世界，改造世界必然体现人的需要和改造的目的，但是从"种的尺度"和"物种的尺度"里却都看不出人作为人的需求和目的。实际上，从马克思主义哲学的精神和《手稿》的语境来看，这里的"内在尺度"在两种可能性之中只能是人的内在尺度。这就使"内在尺度"的解释站在一个更高也更为坚实的理论基点之上。

总而言之，周维山的这部新著不仅在中国当代美学的反思与总结方面劈出了一条新的思路，对《手稿》这座内涵丰富的理论矿藏也有新的掘进，这是应予鼓励与肯定的。当然，由于六十余年的中国当代美学容含着太多的理论纠结，而《手稿》本身又是一部争议颇多的著作，要把这二者关联起来加以研讨，一时说不清道不明的问题肯定会有很多，周维山的这部著作相对于其意图实现的理论目标而言，只能说是刚刚开了一个头。而且，从该著所涉及的相关问题来看，周维山的思考和分析也有诸多不周到、力有不逮之处，这是一个初出茅庐的年轻学者不可避免的。相信周维山能够以该著的出版为新的起点，在艰苦的理论思维道路上坚定踏实地走下去，一步一个脚印地走进属于自己的天地，取得属于自己的劳作收获!

是为序。

谭好哲

2011 年 8 月 6 日于济南千佛山下寓所

序　二

程相占

作为周维山君大学时代和研究生时代的任课教师，我想在这篇序言里叙写两方面的内容：一是我与他的交往记忆，想从一个侧面描述他的为人和求学经历，以便读者"知人论世"；二是我对于马克思《1844 年经济学哲学手稿》的一点研习体会，目的是从一个侧面显示本书的学术价值。

我于 1995 年毕业留校，最初为本科生讲授的课程之一是"文学概论"。周维山 1997 年考入山东大学中文系，是我的文学概论课程的第二批听众。那时我初登讲坛，谈不上什么教学经验；再加上我的硕士、博士专业都不是文艺理论，所以，对于自己的授课内容并没有太多把握，讲课主要凭借的是激情。不知道怎样就认识了维山，跟他的交往也很有限。十余年后，维山自己也成了教师，也讲授"文学概论"；他的学生问他为什么会选择文艺理论，他说是"受了程老师的影响"。这种影响到底是好、是坏，说这句话到底是感激还是抱怨，那要看不同的人生境遇、人生心态了。当我们感叹文艺理论研究工作的枯燥乏味、生活清贫时，这种影响就是坏的：让一个学生误入歧途，几乎终生与富贵、显达无缘。维山宅心仁厚，不慕浮华；说受了我的影响，大概不会是抱怨吧！

与维山的交往多起来，是在他的研究生学习期间。2001 年，他师从谭好哲教授攻读文艺理论专业硕士学位。他这一级有三个我的研究生，其中一个叫夏红军，跟他住一个宿舍，无意中接触就多了。更重要的是，我为他们这一级的学生先后开设了两门课程——"中国文论专题"和"研究生专业英语"。其中，2002 年春季开设的"专业英语"具有很大的挑战性，原因有两方面：其一，尽管专业英语是研究生培养方案里的必修课，但我们此前的处理方式一般是让学生翻译一篇英语文献就算了，从来没有真正开设过这门课；其二，我自己也不是英语专业出身，汉语、英语发音中的河南老家口音都相当重。所以，有个同学听到我要做英语老师的消息时，友善地跟我开玩笑说："程老师你的普通话'够普通'吗？"我说："我要把英语说得比我的汉语更标准！"或许是受到了我的感染，维山他们这一级研究生的"专业英语"学习热情都比较高；维山自己也开始留意专业英语文献，开始清醒地认识到：文艺理论、美学这样的学科是国际化水平较高的学科，国内学术界使用的大量基本文献都是译自外文的二手文献，研究起来局限非常大；同时，英语又是及时借鉴国际前沿成果的必要工具。他后来做博士论文时，特别注意查阅、参考相关的英语、德语等外文文献，也与这一段的学习经历有一定关系。

2003 年开始，维山又师从谭老师攻读博士学位。初步确定毕业论文的选题后他曾找我聊天，我借给他了手头现有的两份材料，建议他认真研读，一是《中国社会科学》1998 年第 3 期，上面刊载有应必诚先生的论文《〈巴黎手稿〉与美学问题》。我对他说，这是我看到的最精彩的关于《1844 年经济学哲学手稿》的论文，不但可以借鉴其中的观点，更重要的是借鉴作者的研究方法；第二份材料是阎国忠先生的著作《走出古典——中国当代美学论争述评》（安徽教育出版社 1996 年版）。该书第三章专门述评关于《1844 年经济学哲学手稿》的讨论，文献全面丰富，述评清晰得当。通过阅读这本书，可以清楚地把握中国当代"手稿热"的来龙去脉和研究现状。该书的扉页上清楚地写着我购买此书的日期：2007年 12 月 26 日，是我逐字逐句研读过的一本书。

经过一番努力甚至是比较痛苦的"挣扎"，维山完成了博士学位论文并顺利通过了论文答辩。我之所以要使用"挣扎"一词来介绍维山的写作过程，是因为对于他来说，这个过程的确太辛苦了。根据谭好哲教授的要求，论文的学术立意相当高，即解决《手稿》与中国当代马克思主义美学传统的形成之间的关联及其未来价值。因为维山认识到，《手稿》不但从宏观上推进了中国当代马克思主义美学的学术演进，而且还在哲学基础、基本范畴和命题、理论体系等方面深深地影响着中国当代马克思主义美学的建设。难点集中在如下一个关键问题：如何准确理解《手稿》中零散的、关于美学问题的片段？众所周知，《手稿》的研究对象并非美学，而是经济学和哲学。马克思写作此书时年仅 26 岁，正好是我刚刚硕士毕业的年龄，所以学术界通常将此时的马克思称为"青年马克思"，颇多地隐含着马克思此时尚未"成熟"之意。当然，年龄与哲学思想是否成熟并没有必然联系，中外哲学史上都有早慧的哲学家，中国的如魏晋玄学大师王弼，不到 20 岁就名满天下了，23 岁就跨鹤仙游离开了人间；西方的如谢林，据说大学时代就已经完成了自己的哲学体系，远比他的同学黑格尔早慧，等等。所以，问题还是如何准确理解马克思的原话。面对这个问题，严肃的学者都需要"挣扎"一番。

当代诠释学提醒我们，理解"原话"时，"历史语境"至关重要。究竟应该把马克思的"美学"置放在什么样的历史语境中呢？在此，我斗胆提出一个粗浅的看法：中国当代"手稿热"过程中涌现的大量论著，都或多或少发生了"美学语境"的错位，简言之，都将《手稿》置于"美"学的语境中而不是"审美"学的语境中。我们不妨反问一下：我们常说的"美学"到底是"美"学还是"审美"学？

刚刚过去的一学期（2011 年 2—6 月），我为山东大学文艺美学研究中心 2010 级博士生开设"专业英语"，内容是西方美学史，从柏拉图一直讲到后现代的巴特，一共 16 讲。所选用的材料主要是网络版《斯坦福哲学百科全书》的相关词条，足以代表国际最新研究成果。一个学期下

美学传统的形成与突破

来，我本人最基本也是最重要的收获是：西方美学有着"美"学与"审美"学之发展变化，从柏拉图开始一直到 18 世纪，哲学家们主要思考的是"美"的本质、本源等问题，即"美"学；鲍姆嘉滕于 1735 年提出的 Aesthetics，主要是"审美"学，研究的重点已经不是美的本质或本源，而是"审美"与认识的区别、审美主体如何"审美"等问题，从而标志着西方美学从古典走向了现代。这一点可以从康德那里得到极其清晰的辨析。康德的《判断力批判》共有两部分，"审美判断力批判"和"目的论判断力批判"，"审美判断力"是历来美学研究的关注焦点。在康德的论述中，"审美判断"（aesthetic judgment）又包括"美的判断"（judgment of beauty）和"崇高的判断"（judgment of sublime）。康德的这个理论框架清楚地表明："美"学只不过是"审美"学的一部分，因为"审美"学还包括对于"崇高"的研究（后来又逐渐包括对于丑、荒诞等的研究）。我觉得康德继承并发展了鲍姆嘉滕的"审美"学。

如果以此为理论参照来反观中国的两次"美学热"或"美学大讨论"，我们会惊讶地发现：中国当代的主导美学观是"美"学，而不是"审美"学。不是吗？我们围绕着"美"的主观性、客观性与社会性，形成了所谓的主观派、客观派、主客关系派以及社会派等四大派。这清楚地表明：中国当代主导性美学观是西方古典美学观的中国版，它与现代西方"审美"学"隔"着厚厚的一层。

认清这一点，对于解析马克思《手稿》至关重要：如果一个学者秉持"美"学观，其关注焦点肯定是马克思所说的"美的规律"；反过来，如果持守"审美"观，研究重点就会偏移到马克思对于"五官"的那段论述：因为"审美"首先是"感官活动"。从 2009 年春季开始至今，我连续三次为山东大学文学院的本科生讲授"美学概论"这门课，一直坚持"审美"学的基本观念，所以特别重视马克思《手稿》中的如下一段话，认为这段话才是马克思美学的精髓，值得在这里郑重引用："人不仅通过思维，而且以全部感觉在对象世界中肯定自己。另一方面，即从主体方面来看：只有音乐才能激起人的音乐感；对于没有音乐感的耳朵来说，最美的音乐毫无意义，不是对象，因为我的对象只能是我的一种本质力量的确证。就是说，它只能像我的本质力量作为一种主体能力自为地存在着那样对我而存在，因为任何一个对象对我的意义（它只是对那个与它相适应的感觉来说才有意义）恰好都以我的感觉所及的程度为限。因此，社会的人的感觉不同于非社会的人的感觉。只是由于人的本质客观地展开的丰富性，主体的、人的感性的丰富性，如有音乐感的耳朵、能感受形式美的眼睛。总之，那些能成为人的享受的感觉，即确证人的本质力量的感觉，才一部分发展起来，一部分产生出来。……五官感觉的形成是迄今为止全部世界历史的产物。"①

如果我们以这段话为核心来研究马克思的"美学"，情况会怎么样呢？带着这样的期待，我特别重视维山这本书的附录之二——《"美的规律"与西方现代美学的互动阐释》。这篇文章正是从现代审美学的角度来研究马克思的，它提出：马克思"美的规律"范畴的提出有着深厚的西方现代美学背景。西方现代美学抛弃了单纯从美的事物背后寻找美本身的努力，转向审美经验的研究。西方现代美学认为美不再是纯客观的实体存在，而是包含着主体的关系存在。马克思提出的生产规律之一的"美的规律"也必然不再仅仅是美的事物的规律，而是包含着主体情感的审美规律。我觉得这是非常富有启发性的论断。道理难道不是很简单吗？鲍姆嘉滕提出"审美学"的时间是 1735 年，马克思写作《手稿》的时间是 1844 年；二者之间的时间跨度是一个多世纪！

按照惯例，有资格给人作序的人，一般都应该是德高望重、学术造诣精深的学界前辈，这样的序言才能给所序之书增色、增值。如此说来，我的确尚未熬到给人作序的资格。勉为其难答应下来，一方面固然

美学传统的形成与突破

---

① 马克思：《1844 年经济学哲学手稿》，中共中央编译局译，人民出版社 2000 年版，第 87 页。

是出于维山的盛情，另外一方面却是因为我心中的一个纠结。十来年前，我认识了高庆兰老大娘。高大娘今年有八十多岁了吧，出身于山东淄博的书香门第，与当地的蒲松龄后裔有姻亲关系。尽管她退休前并不在文化部门工作，但酷爱诗词创作，还从我家里借走了王力先生的《诗词格律》用心钻研。若干年下来，居然积累了诗词多首，想自费出版，特意两次给我打电话，让我为她的诗词集作序。我苦苦辞谢，说我是晚生，给长辈作序不合适，闹得大娘有些不高兴，甚至批评我有"名校大教授的架子"。不知道高大娘的诗词集后来出版了没有，我心里一直有点难以释然，觉得挺对不住她老人家。是啊，一个与我祖母年龄接近的老人，既然开口命序，为什么就不能通融一下、让老人家高兴一下呢？自己哪里有什么"架子"好摆呀！我现在经常对 13 岁的儿子程三南说，经常要问自己一个问题：能为别人做点儿什么？别人对你提出的一个小小心愿，不就是你能为别人做的一点儿小事吗？

现在，我能为维山君做的，就是这么一篇不成样子的所谓的序。但愿没有辜负他的一片盛情。

程相占

2011 年 6 月 22 日，于济南洪家楼山大老校三宿舍寓所

（程相占，山东大学文学院教授，文艺学专业博士生导师，教育部人文社会科学重点研究基地山东大学文艺美学研究中心副主任，山东大学生态美学与生态文学研究中心副主任）

序
二

目　录

序一 …………………………………………………… 谭好哲　1

序二 …………………………………………………… 程相占　6

导　论…………………………………………………………… 1

　　一　本书的研究价值和意义 ………………………………… 1

　　二　相关的研究现状 ………………………………………… 6

　　三　本书的研究方法与思路 ………………………………… 9

第一章　《手稿》与中国当代马克思主义美学的话语选择 ……… 13

　第一节　中国当代马克思主义美学的发生语境 ……………… 14

　第二节　国际《手稿》美学研究热 …………………………… 20

　第三节　中国当代马克思主义美学发展的内在逻辑 ………… 26

第二章　《手稿》与中国当代马克思主义美学的哲学基础 ……… 33

　第一节　《手稿》的哲学观与美学观 ………………………… 33

　第二节　《手稿》与中国当代马克思主义美学哲学基础的

　　　　　建构历程 ……………………………………………… 47

第三章 《手稿》与中国当代马克思主义美学的基本问题（上）……… 68

　第一节 "劳动创造了美"与美的根源 ……………………… 68

　第二节 "自然的人化"与美的本质问题 …………………… 83

　第三节 "美的规律"与美的创造规律 ……………………… 98

第四章 《手稿》与中国当代马克思主义美学的基本问题（下）……… 116

　第一节 美的本质 …………………………………………… 116

　第二节 美感问题 …………………………………………… 128

　第三节 艺术本质 …………………………………………… 136

第五章 《手稿》与中国当代马克思主义美学的未来走向………… 146

　第一节 《手稿》与三种美学探索取向……………………… 146

　第二节 《手稿》对中国当代马克思主义美学

　　　　 的现实意义 ……………………………………… 164

结 语 …………………………………………………………… 174

附录一 "劳动"与"实践"——从二者的差异看艺术的本质问题 ……… 179

附录二 "美的规律"与西方现代美学的互动阐释 ………… 192

参考文献 ……………………………………………………… 200

后 记 …………………………………………………………… 206

美学传统的形成与突破

导　论

　　20 世纪 90 年代以来，中国当代马克思主义美学进入了一个新的历史发展时期，但同时也面临着进一步发展的困境。90 年代以来，形成了诸如后实践美学诸派别的研究、审美文化研究、生态美学研究等诸多研究取向，表面上看起来热闹异常，但它们并未能真正突破自五六十年代以来所形成的美学传统，特别是在阐释马克思《1844 年经济学哲学手稿》（以下简称《手稿》）的理论基础上形成的实践美学。自 90 年代初，杨春时就喊出了超越实践美学的呼声。十多年过去了，至今实践美学仍然占据着中国当代马克思主义美学的主流话语，为什么会出现对实践美学"超而不越"的现象？这与其理论基础《手稿》之间有没有必然的联系？中国当代马克思主义美学在阐释《手稿》的理论基础上究竟形成了一个怎样的美学传统？当人们试图打破这一美学传统的时候，《手稿》对中国当代马克思主义美学的未来发展能否继续发挥影响？诸如此类的问题，其实，都可以归结为一个问题，即《手稿》与中国当代马克思主义美学传统的形成之间的关联及其未来价值，这也正是本书所要研究的问题。

一　本书的研究价值和意义

　　1844 年 4—8 月期间，时年 26 岁的马克思在巴黎流亡时写下了一些内容相关的手稿。从马克思为手稿写的序言以及马克思和恩格斯的通信来看，当时马克思是要准备发表这些手稿的，但是由于出版商取消了合同，才被迫搁置下来。自此，马克思的这部手稿沉寂了 88 年之久。1927 年，在苏联梁赞诺夫的主持下，手稿的部分译文以《〈神圣家族〉的预备著作》为题发表于《马克思恩格斯文库》第 3 卷中。1932 年，在苏联，手稿在阿多拉茨基主编的《马克思恩格斯全集》(MEGA1)德文版第 1 部分第 3 卷中经整理首次以全文发表，整理者根据手稿的内容拟订了现在通行的题目——《1844 年经济学哲学手稿。国民经济学批判。附关于黑格尔哲学的一章》。因为这部手稿写于巴黎，又称《巴黎手稿》。

　　《手稿》的公开出版，在西方世界立即引起了经济学、哲学、美学等各个领域的广泛研究热潮，至 20 世纪 50 年代形成了一股强大的"西方马克思主义"和"西方马克思学"等理论研究思潮，影响深远。相反，《手稿》全文的整理和出版地苏联，对之则反应平淡。他们认为《手稿》是马克思的早期著作，其思想还是不成熟的。直至 20 世纪 50 年代在审美本质的大讨论中，苏联才开始关注它。中国几乎与世界同步，较早地关注到这部《手稿》。1935 年上海辛垦书店出版的《黑格尔哲学批判》中柳若水摘译了《手稿》中的部分内容：黑格尔辩证法及哲学一般之批判。蔡仪在 1948 年出版的《新美学》中论及美学的研究领域以及艺术的创造法则等内容时曾多次引用《手稿》的部分内容。当时蔡仪是从日文著作转译而来的，并没有注明出处，加之当时的中国社会境况等多方面的原因，《手稿》并未立即引起人们太多的注意。

　　新中国成立之后，在 20 世纪五六十年代的美学大讨论中，1956 年李泽厚在其第一篇参与美学讨论的论文《论美感、美和艺术(研究提纲)》中不但引用了《手稿》中的内容，并以其"自然的人化"理论作为依据，既批判了朱光潜的主客观统一说，又批评了蔡仪的客观典型说，并提出了自己的美学观点：美是客观性与社会性的统一，形成了独树一帜的一派。由于当时美学大讨论的背景，加之苏联美学讨论的直接影响，《手

美学传统的形成与突破

稿》很快为中国美学界所知晓，其相关内容被广泛引用论述美学问题。也是在 1956 年，人民出版社出版了何思敬译、宗白华校的第一个《手稿》中文全译本。新时期，1979 年人民出版社出版了刘丕坤的新译本。随后，马克思恩格斯列宁斯大林著作编译局在刘丕坤译本的基础上，根据德文原文并参考俄文译本译出，收入《马克思恩格斯全集》第 42 卷作为通用本。为了参与讨论，1980 年，朱光潜曾根据德文原文摘译过《手稿》的部分章节发表在《美学》第 2 期上。与此同时，伴随着新时期的异化和人道主义大讨论与新时期的"美学热"，形成了一股持续多年的"《手稿》热"。

《手稿》与中国当代马克思主义美学之间可以说有着不解之缘。从其较早被引用，到 20 世纪五六十年代的美学大讨论以及 80 年代的"美学热"，关于《手稿》的研究都是与美学研究相关的，人们对它的关注也是从美学开始的。在五六十年代的美学大讨论中，由于受哲学领域唯物与唯心简单区分的影响，在美的本质问题上陷于究竟是主观还是客观的简单对立局面。李泽厚运用《手稿》中的"自然的人化"的理论独辟蹊径，提出了"美是客观性与社会性的统一"的观点，在一定程度上超越了简单的主客二分的对立思维模式，推动了美学讨论的进展。与此同时，朱光潜利用《手稿》中的劳动实践理论进一步论证发展了他的主客观统一的美学观点。主观派代表吕荧、高尔泰也利用"自然的人化"的理论论证其美学观点。当然，他们对《手稿》的劳动实践以及"自然的人化"等理论的理解是各自不同的。即使如此，《手稿》中的劳动实践理论对克服五六十年代美学研究中简单的主客对立的机械唯物主义美学观起到了重要的推动作用。在讨论中，《手稿》的内容为美学界广泛引用，极大地提高了美学大讨论的理论水平，也极大地推动了美学研究的发展。

新时期之后，在异化和人道主义大讨论中人们逐渐认识到《手稿》的重要价值，开始挖掘其中马克思关于人的本质和异化的理论论述，从而形成了一股"《手稿》热"。这股"《手稿》热"是与新时期的"美学热"联系在一起的，因为很多异化和人道主义的讨论者就是美学家，比如挑起新时期人性论讨论的就是著名美学家朱光潜。对《手稿》中人的本质论述内容的关注，促进了新时期美学研究的转向。人们不再单纯从主客观对立的角度论述美的本质问题，开始认识到美的本质与人的本质是密切相关的，离开人就无所谓美。从美与人的关系的角度论述美学问题，是新时期美学研究的一个重要转向，也是新时期美学研究的一个重要特征。新时期，20世纪五六十年代的美学讨论中形成的四派美学理论在不同程度地吸收《手稿》理论的基础上都获得了新的发展。当然，正如阎国忠所认为的，收获最大的是实践派美学，"80年代前后持续三年左右的《手稿》的讨论，实际上就是以李泽厚、刘纲纪为代表的'实践观点美学'得以确立并在美学领域获得主导地位的过程"。① 也是在这次"《手稿》热"和"美学热"中，奠定了新时期美学理论的理论话语体系，对中国当代马克思主义美学的发展起了非常重要的作用。

这股"《手稿》热"持续到1983年，这一年是马克思逝世一百周年。为纪念马克思逝世一百周年，各地刊物纷纷推出纪念特刊。此后，随着新问题的不断涌现，关于《手稿》的研究热潮开始降温了。研究热潮的降温，并不意味着人们不再研究《手稿》，也不意味着《手稿》对中国当代马克思主义美学重要地位的下降，只不过它不再是一时的理论研究热点。经过20世纪80年代的"美学热"，《手稿》已与中国当代马克思主义美学不可分割地联系在一起了。它不但是各派美学理论的重要理论依据，还是中国当代马克思主义美学理论话语的重要来源，对美学研究具有重要的理论原点作用。《手稿》不但从宏观上推进了中国当代马克思主义美学的学术演进，而且还在哲学基础、基本范畴和命题、理论体系上深深地实现着中国当代马克思主义美学的建设。在哲学基础上，中国当代马克

---

① 阎国忠：《走出古典——中国当代美学论争述评》，安徽教育出版社1996年版，第105—106页。

思主义美学在建立之初，由于受苏联机械唯物主义的影响，人们在理解美学的哲学基础上存在着某种机械化和庸俗化的倾向。在克服这一倾向的过程中，《手稿》的美学研究无疑起着非常重要的作用，特别是实现了中国当代马克思主义美学哲学基础从机械反映论到实践论的转变。在基本问题上，"劳动创造了美"为美的根源的理论奠定了深厚的根基，"自然的人化"又为美的本质的解答提供了深刻的揭示，而"美的规律"的论争则为美的创造规律提供了必要的解答。在理论体系上，中国当代马克思主义美学在 20 世纪五六十年代的美学大讨论中就形成了美学四大派，在 80 年代的"美学热"中，得以继续深化发展。虽然他们的观点各异，但不同程度上都受到《手稿》的影响并吸收了其中的某些相关理论，比如以蔡仪为代表的客观派在美的本质问题上吸收了《手稿》中"美的规律"的理论；以朱光潜为代表的主客观统一派吸收了《手稿》中的"劳动创造了美"的观点，在 80 年代进一步发展为艺术实践派；以李泽厚为代表的实践派美学则更是以《手稿》为"圣经"发展创立了实践派美学，以高尔泰为代表的主观派美学则吸收了《手稿》中"人的自由本质"的相关理论成果。

《手稿》与中国当代马克思主义美学之间的关系，不是单向的，而是互动的。因为《手稿》作为马克思的一部早期著作，自从公开出版以来对它的理解在世界范围内都是有争议的。中国当代马克思主义美学之所以选择《手稿》，是与中国当代马克思主义美学的历史语境密切相关的。但是，中国当代马克思主义美学作为一个历史概念，它又不是永恒不变的，而是随着历史的发展而发展的。特别是进入 20 世纪 90 年代以来，中国当代马克思主义美学开始了研究的转型。在美学的转型中，自五六十年代以来形成的传统美学研究特别是作为主流学派的实践美学因其理论存在的缺陷而成为被反思和超越的对象。90 年代初，杨春时分别在 1992 年第 2 期的《学术交流》、1994 年第 1 期的《社会科学战线》、1994 年第 5 期的《学术月刊》上陆续刊发文章，提出要超越实践美学，建立超越美学的主张。他认为，"实践美学还不是严格意义的现代美学，它还残留着古典美学的痕迹"，并指出实践美学存在的诸多理论局限和缺陷，认为在未来的美学发展中应"采取扬弃、改造、发展和超越的态度"[①]，扬弃"实践"这一实践美学的基础，建立以"超越"为概念基础的超越美学。在这种思路的指引下，生命美学、存在美学、体验美学等各种后实践美学派别纷纷出现。当然，围绕对实践美学的反思，还有其他探索取向，比如审美文化研究、生态美学研究等。由于实践美学本身存在的理论缺陷，对其进行反思是必要的。但是，当人们在试图超越、反思实践美学的时候，对曾作为实践美学的"圣经"乃至对中国当代马克思主义美学的美学传统的形成都具有重要作用的《手稿》是否也随之被超越呢？《手稿》对中国当代马克思主义美学的未来发展还有没有价值呢？

我们只有把《手稿》置于中国当代马克思主义美学的发展历史中去考察，才能真正了解《手稿》曾发挥过的作用，也只有了解了《手稿》与中国当代马克思主义美学之间的真正关联及其历史贡献，才能明白《手稿》在中国当代马克思主义美学的未来发展中的真正价值。因此，本书试图站在二者关联和美学转型的角度，透视《手稿》与中国当代马克思主义美学理论建构之间的关系及其历史变化，以期在加深对中国当代马克思主义美学历史了解的同时，对美学的未来发展作出有益的探讨。

二 相关的研究现状

《手稿》研究影响了中国当代马克思主义美学的学术进程和话语建构，对二者之间的关系也引起了学界的关注。曾永成认为："时至今日，无论谈论马克思主义美学还是一般美学原理，都离不开《手稿》了。"同时，他提出："现在，是可以在研究半个世纪以来的论争的基础上，写

---

① 杨春时：《超越实践美学》，《学术交流》1992 年第 2 期。

一部《手稿》的中国接受史或阐释史的时候了。"①正如曾永成所言，中国当代马克思主义美学的发展确实已经与《手稿》密切地联系在一起了，随着当代美学马克思主义研究的转型，是应该梳理《手稿》接受史的时候了。因为它不仅仅意味着对《手稿》接受史的回顾，更重要的是有利于从总体上把握中国当代马克思主义美学所形成的传统的特点，从而为突破传统以及实现美学转型提供学理根据。

因为不论 20 世纪五六十年代的美学大讨论，还是 80 年代的"美学热"，都与《手稿》有着密切的关系，并且在 80 年代与"美学热"直接相关还发生了持续多年的"《手稿》热"，围绕《手稿》的相关命题展开论争，所以，在一般研究 20 世纪或者中国当代美学的学术史著作中都会涉及这一问题。比如，1988 年天津教育出版社出版的赵士林的《当代中国美学研究概述》的第三章中有"《手稿》的有关研究"一节，论述了中国当代美学界对《手稿》相关美学命题的研究；1996 年安徽教育出版社出版的阎国忠的《走出古典——中国当代美学论争》中专列一章"人的生产与美的创造——关于《1844 年经济学—哲学手稿》的讨论"，论述了 80 年代美学领域关于《手稿》的相关命题的论争；2000 年西苑出版社出版的朱存明的《情感与启蒙——20 世纪中国美学精神》专列一章"《手稿》与中国当代美学"，论述了新时期"《手稿》热"的原因以及相关美学命题的论争。这部分内容作者后来发表于 2006 年 5 月出版的《中国美学研究》第一辑，内容如上文所述；2003 年云南大学出版社出版的聂振斌主编的《思辨的想象——20 世纪中国美学的主题史》中有一小节"《手稿》与美的本质讨论"，简单论述了《手稿》与中国当代美学中美的本质问题的讨论情况；2006 年首都师范大学出版社出版的戴阿宝和李世涛的《问题与立场——20 世纪中国美学论争辩》专列一章"马克思《手稿》的美学视野"，论述了

① 曾永成：《回归实践论人类学——马克思主义文艺学新解读》，人民出版社 2005 年版，第 351 页。

中国当代美学中关于《手稿》中美学命题的论争情况；2006 年北京大学出版社出版的章辉的《实践美学——历史谱系与理论终结》专列一节"《巴黎手稿》与实践美学"，论述了《手稿》与实践美学之间的学术关联；2007年中国文联出版社出版的何志钧主编的《马克思主义文艺学：从经典到当代》中专列一章"《1844 年经济学哲学手稿》与中国化马克思主义美学"，论述了《手稿》的地位及对中国化马克思主义美学建设的贡献，等等。当然也有单篇论文论述到这一问题，比如，韦胜利在 2003 年第 6期的《重庆社会科学》发表《论〈1844 年经济学—哲学手稿〉与中国的马克思主义美学》，简要论述了《手稿》与中国的马克思主义美学之间的历史机缘以及在解读《手稿》中存在的问题等。

　　虽然人们已经认识了二者之间的关系，但是在具体研究时却存在着诸多的问题。第一，视野比较狭窄。因为他们是在论述学术史，因此往往只把目光盯在 20 世纪五六十年代美学大讨论和 80 年代"美学热"的短短几年，并且也只是谈论几个美学命题的论争，不能把视野放开到整个中国当代马克思主义美学的历史发展中去考察。实际上，《手稿》与中国当代马克思主义美学的关系是全时段的，也是全方位的。它不但从宏观上推动了中国当代马克思主义美学的学术进程，还从微观上对中国当代马克思主义美学的哲学基础、基本范畴和命题以及理论体系都有着直接的影响。第二，缺少关联的视野。《手稿》与中国当代马克思主义美学之间的关联是相互的。《手稿》不但影响了中国当代马克思主义美学的建构，中国当代马克思主义美学对《手稿》的理解和阐释也是有所选择的。一切对《手稿》的研究，同时也是中国当代马克思主义美学的理论建构过程。但在以往的研究中，往往只是单方面的或者侧重对命题论争的考察，或者对某些美学基本问题解答的考察，不能把二者统一起来，从关联的视角审视二者之间的互动关系。第三，缺少问题意识。从以上提到的研究情况来看，因为它们大多不是专门对此问题进行研究，而是隶属于美学学术史研究，所以缺少一种当代的美学视野，不能和中国当代马克思主义美学的发展困境结合起来思考。在这些研究中，多是对历史现象的描述，没有结合当代马克思主义美学的发展现实对这一历史现象作深入的研究，从而阻碍了问题研究的深度和力度。

三 本书的研究方法与思路

一切历史的研究，都是为了将来，本书也不例外。20世纪90年代以来，在市场经济大潮的冲击下，美学研究逐渐失去了往日的光环。当人们冷静下来开始思考中国当代马克思主义美学的学科建设和发展的时候，其内在的理论缺陷也逐渐暴露出来，中国当代马克思主义美学面临着进一步发展的困境。在1991年这一年，《天津社会科学》第2期、《学术论坛》第2期和《学术月刊》第4期各自推出了一组"当代中国美学研究的出路"的笔谈。美学界纷纷对中国当代马克思主义美学的出路献计献策。此后连续10余年，陆续有人撰文参与讨论。

在讨论中形成了三种有代表性的观点，即超越说、转型说和改造说。超越说，以杨春时为代表。他认为作为主流学派的实践美学虽然具有历史的功绩，但也存在着不可避免的理论缺陷，美学的发展应超越实践美学，建立新的以"生存"为核心概念的超越美学。另外，还有潘知常提出的生命美学、张弘提出的存在论美学、王一川提出的体验美学，等等。转型说，这里主要指美学研究的文化转型。杜卫在1993年第2期的《浙江社会科学》上发表了《科技、经济发展与美学转型》一文，他提出随着经济的转型，美学研究必然会出现研究的转型，美学研究应从基本问题研究转向文化研究。因而在美学研究领域较早提出转型说。1994年第3期的《求是学刊》上发表了王德胜的《审美文化批评与美学话语转型》一文，他认为作为经典的美学研究话语体系已不适应文化发展的现实状况，在当前，美学应走向实践，走向审美文化研究。改造说，以刘纲纪、朱立元、张玉能等为代表，他们认为实践美学虽然存在一些理论缺陷和问题，但在当代仍然有生命力，对实践美学应该进行改造，而不是超越。

　　不论哪种观点，学者们在思考中国当代马克思主义美学出路的时候，都面对如何对待中国当代马克思主义美学已形成的美学传统的问题。超越说提出要超越传统，转型说提出要开辟新的领域，改造说则提出对原有传统进行改造。那么，我们究竟如何对待现有的美学传统呢？按照库恩的范式理论，新的范式的出现是不会脱离传统范式的，并且只能在传统的基础上蜕变或升华。由此来看，在人们思考中国当代马克思主义美学未来出路的时候，真正的发展是不会脱离现有的传统的，而任何想摆脱传统、另起炉灶的说法无疑都是假命题。钱中文在论述文学理论的现代性时提出，"在今天建设新的文学理论的时候，我们实际上面临着三种传统，这就是古代文论传统、西方文论传统和近百年来形成的现代文论传统。"针对文学理论的未来发展，他提出："当代文学理论的建设，只能以现代文学理论为基点。"[①]由此，我们认为，不仅文学理论的发展是如此，美学的发展也是如此。中国当代马克思主义美学的发展，应立足于当代美学传统。中国当代马克思主义美学经过半个多世纪的发展，已经形成了自己的传统。学术的发展，不只是口号的问题，口号叫得响不一定符合理论发展的实际。理论发展本身有其自身的内在逻辑，只有把握住理论发展的内在逻辑，才能真正推动中国当代马克思主义美学的发展。而中国当代马克思主义美学传统的形成是与《手稿》密切相关的，是《手稿》的理论话语直接影响了中国当代马克思主义美学的理论话语体系的构成。因此，本书的研究，必然包含着对中国当代马克思主义美学未来走向的思考，这也是本论题研究必不可少的时代背景和理论视野。

　　本书旨在透视《手稿》与中国当代马克思主义美学传统之间的关系，它既是一种历史研究，又是一种横断面的共时态研究。因此，本书采取

　　①　钱中文：《再谈文艺理论的现代性问题》，《文艺研究》1999 年第 3 期。

美学传统的形成与突破

以问题为中心，史论结合的论述方法，把问题的历史发展线索贯穿于对问题的论述中，以期在这种问题与时间的交织中，对《手稿》与中国当代马克思主义美学之间的关联及其在未来的美学研究中的价值获得一个清晰的把握。在时间上，本书不再仅仅限于五六十年代的美学大讨论或80年代的"美学热"，而是从新中国成立之后至今半个多世纪的历史。在内容上，本书也不限于对《手稿》几个相关命题的论争，而是包含话语选择、哲学基础、基本问题、未来走向等多方面内容的研讨。

在章节安排上，本书包括导言和结语在内共五个部分。第一部分是导言，介绍本书的研究价值和意义、研究现状以及研究方法与思路。第二部分是《手稿》与中国当代马克思主义美学的话语选择，主要探究《手稿》为中国当代马克思主义美学所选择的历史语境，作为第一章。在众多的马克思主义经典性著作中为什么会选择《手稿》作为中国当代马克思主义美学的理论元话语，这是一个需要值得深思的问题。本书通过对当时历史语境的还原，试图探究中国当代马克思主义美学接受《手稿》的选择性与必然性。第三部分包括哲学基础、基本问题两个主要方面，主要探究《手稿》与中国当代马克思主义美学传统形成的具体关联，分三章来探讨。《手稿》与中国当代马克思主义美学的哲学基础，通过一章来谈，作为第二章。在这一章中，根据对《手稿》哲学观与美学观的考察和中国当代马克思主义美学对《手稿》接受的取向，本书将从劳动实践观、人的本质观、唯物历史观等三个角度具体探究《手稿》与中国当代马克思主义美学哲学基础之间的具体关联。《手稿》与中国当代马克思主义美学的基本问题，分为上、下两章来谈，即第三章和第四章。在第三章中，主要从《手稿》的角度，论述关于《手稿》的相关范畴和美学命题的论争以及对中国当代马克思主义美学的理论体系的贡献；在第四章中，则主要从中国当代马克思主义美学选择和接受的角度，论述《手稿》对中国当代马克思主义美学理论体系中基本问题的具体解答方式的影响。通过这两章的论述，我们将可以清晰地看出《手稿》与中国当代马克思主义美学的话语体系的关联，也可以看出二者的互动式选择与被选择的关系。第四部分是《手稿》与中国当代马克思主义美学的未来走向，主要探究《手稿》在中国当代马克思主义美学的转型中及其未来的价值和意义，作为第五章。在这一部分通过对 20 世纪 90 年代以来的美学转型中《手稿》与后实践美学研究、审美文化研究、生态美学研究等三种不同的学术探索取向之间关系的分析，试图说明《手稿》对中国当代马克思主义美学建设的现实价值和意义。最后一部分是结语。在这一部分中，将从时间的角度，对《手稿》与中国当代马克思主义美学之间的历史关系的演变作出历史的回顾与评价，以期对《手稿》在中国当代马克思主义美学的不同历史时期中的历史地位和价值作出宏观整体的把握。

第一章 《手稿》与中国当代马克思主义美学的话语选择

　　《手稿》自公开出版以来，人们对它的理解一直是有争议的。我国著名马克思主义理论家陈先达就曾认为："马克思著作本身，给人类留下许多宝贵的财富，但还没有一本像《1844 年经济学哲学手稿》这样引起激烈的争论。"[1]西方马克思主义认为只有《手稿》中的马克思才是真正的马克思，而在《手稿》全文的整理出版地苏联则认为它是马克思早期不成熟的著作。但在中国，特别是新中国刚刚成立之时的美学大讨论中，《手稿》却作为重要的理论话语参与到了美学理论的建构中。虽然人们对《手稿》的理解也存在着争议，但是，似乎并没有挡住《手稿》对中国当代马克思主义美学的吸引力。经过 20 世纪 80 年代"《手稿》热"和"美学热"，《手稿》更是直接地影响了中国当代马克思主义美学的理论建构，并成为主流学派实践美学的"圣经"。相对于《手稿》的复杂处境，中国当代马克思主义美学选择《手稿》的历史原因确实是一个值得深思的问题。有什么样的语境，必然选择什么样的话语。为此，我们不得不回到中国当代马克思主义美学的生成历史中，去考察《手稿》为中国当代马克思主

---

　　[1]　陈先达：《处在夹缝中的哲学——走向 21 世纪的马克思主义哲学》，北京大学出版社 2004 年版，第 281 页。

义美学所选择和接受的历史语境。

第一节　中国当代马克思主义美学的发生语境

新中国的成立是中华文明五千多年历史上的一件大事，也是中国历史上发生的从未有过的伟大变革。因为它不仅仅是一个新的政权的诞生，更是一种新的意识形态、新的生产方式的确立。新的政权是明确以马克思主义为指导的，它也是在马克思主义的指导下取得了革命的决定性胜利。随着新的政权的确立，马克思主义也必然成为占统治地位的思想，成为一种新的政治意识形态。随之，马克思主义作为一种政治意识形态的确立，必然渗透到新中国建设的方方面面，也必将会促使新中国的各项事业呈现出蓬勃发展的新局面。这一切构成了中国当代马克思主义美学的发生语境。

一　政治语境

19 世纪中叶以来，随着西方列强的入侵，处于封建社会末期的中国面临着极其严峻的选择。天朝上国美梦的破灭，迫使一批有识之士睁开眼睛去看世界，向西方寻求救国之路，探寻西方列强强盛的原因。洋务运动、戊戌变法、辛亥革命、新文化运动，从技术、政策到制度，再到文化，觉醒的中国人在不断地试验着各种不同的救国方案，但是都没有能够承担起拯救民族命运的任务。俄国十月革命的胜利，给正处于迷茫中的中国照亮了一线曙光。相似的环境，相似的历史，俄国模式无疑给正处于探求出路的中国指出了一条通往胜利的道路，"走俄国人的路，这就是结论"。① 但是，俄国革命的胜利不单单是一个新的政权、新的

---

① 《毛泽东选集》第 4 卷，人民出版社 1991 年版，第 1471 页。

制度的胜利，它更是一种思想的胜利，是马克思主义的胜利。俄国革命的胜利以强大的历史事实鼓舞和传播着马克思主义。"十月革命的一声炮响，给中国送来了马克思主义。"①在俄国革命的影响下，以"巴黎和会"为导火线，在1919年，震惊中外的"五四"运动爆发，从此，中国的无产阶级不但登上了历史的政治舞台，也为传播和接受马克思主义提供了阶级力量。

据资料考察，马克思主义的最初传入要早于十月革命。比如，在1899年2—5月，上海广学会主办的《万国公报》上发表的李提摩太节译、蔡尔康笔述的《大同学》上曾多次提到马克思、恩格斯的名字；梁启超在1902年9月15日的《新民丛报》第18号发表《进化论革命者颉德之学说》时也提到：马克思是"日耳曼人，社会主义之泰斗也"②，等等，这种考据学的引证或许还能举出更多的例子，但是由于在当时的中国还缺乏真正的接受基础和条件，马克思主义并没有真正地传播开来。马克思主义在中国的真正传播、研究和宣传还是在十月革命之后。俄国十月革命后，关于俄国的宣传风起云涌，马克思主义也从中开始得以广泛传播。李大钊在《新青年》上连续发表《我的马克思主义观》、《布尔什维克的胜利》等文章宣传马克思主义。1918年他与陈独秀创办《每周评论》专门宣传马克思主义，一时间，在中国掀起了一个马克思主义的宣传高潮。很快，在马克思主义的指导下，1921年7月中国共产党成立，为传播和运用马克思主义增添了中坚力量。自此，马克思主义在中国作为一种革命指导思想，指导了中国革命。新中国成立后，1954年9月15日，毛泽东在第一届全国人民代表大会上致开幕词中带有总结性地提出："领导我们事业的核心力量是中国共产党。指导我们思想的理论基础是马克思列宁主义。"③从此，马克思列宁主义作为国家尊崇和维护的

---

① 《毛泽东选集》第4卷，人民出版社1991年版，第1471页。
② 梁启超：《饮冰室合集·文集之十二》(10—19)，中华书局1989年版，第78页。
③ 《毛泽东选集》第5卷，人民出版社1977年版，第133页。

法定思想被确立。马克思主义成为一种新的政治意识形态，这一思想也必然地成为新中国各项工作的根本指导思想。如此，在新中国成立之后开始的中国当代马克思主义美学研究，自觉地以马克思主义为指导和选择马克思主义理论话语成为历史的必然。

但是，在这种必然性中，也存在着选择的偶然性。因为，作为马克思主义美学话语，在新中国成立之前，经过 20 世纪 30 年代"左联"时期和 40 年代延安时期已经形成了两部重要的马克思主义中国化的经典：毛泽东的《在延安文艺座谈会上的讲话》（以下简称《讲话》）和蔡仪的《新美学》。但是，在新中国的美学建构中，却出现了另外一部重要的马克思主义的理论话语——《手稿》，并且经过五六十年代的美学大讨论和80 年代的"美学热"，它直接影响了中国当代马克思主义美学传统的形成。无疑，这种历史的选择，既在政治语境的影响之下，又与其他的语境——艺术语境、美学语境等有着更为直接的关系。

二 艺术语境

1949 年 10 月 1 日，毛泽东在天安门城楼向世界宣布"中国人民从此站起来了"，新中国从此诞生了。中华民族自此结束了自鸦片战争以来一个多世纪被列强凌侮的屈辱历史。这对中国人民来说，确实来之不易。一百多年来，中国人民遭受着封建主义、帝国主义和官僚资本主义的三重压迫，一朝迎来了民族独立、人民解放，特别是占中国一半人口的穷苦老百姓翻身做了主人，那是一种何等的激动，何等的喜悦！在解放初期，曾唱遍大江南北的一首陕北民歌或许正是那时人们内心的真实反映，"解放区的天是晴朗的天/解放区的人民好喜欢/民主政府爱人民呀/共产党的恩情说不完/呀呵咳咳依呀咳/呀呵咳呀咳，呀呵咳/咳咳呀呵咳咳伊呵呀咳"，在"呀咳"的反复咏唱中体现出人们情不自禁的喜悦之情。人们没法不高兴，人们没法不喜欢，因为这是属于人民自己的胜利，是属于人民自己的政权，这是中华几千年来文明史上的第一次。

人们带着对胜利的喜悦和对新社会的憧憬，内心充满了一种无限昂扬的精神，这种精神促使人们去工作，去创作，去歌颂。这确实是一个需要歌颂的时代，一个需要歌颂英雄的时代，我们的党需要歌颂，我们的英雄战士需要歌颂，我们的人民需要歌颂，我们的时代需要歌颂。知识分子、文艺工作者抑制不住内心的激动，把自己的情感涌向了笔端。十七年中，出现的电影有《万水千山》、《党的儿女》、《东进序曲》、《中华儿女》、《钢铁战士》、《南征北战》、《刘胡兰》、《董存瑞》、《英雄儿女》、《洪湖赤卫队》、《江姐》等，歌曲有《咱们工人有力量》、《放声歌唱》、《让我们荡起双桨》、《克拉玛依之歌》、《我们走在大路上》、《我们是共产主义接班人》、《接过雷锋的枪》、《唱支山歌给党听》、《工人阶级硬骨头》等，造型艺术有《开国大典》、《地道战》、《江山如此多娇》、《人民英雄纪念碑浮雕群》、《人民大会堂》等，诗歌有郭沫若的《新华颂》、艾青的《国旗》、何其芳的《我们伟大的节日》、李季的《杨高传》、田间的《赶车传》、臧克家的《李大钊》、郭小川的《一个和八个》等，长篇小说有丁玲的《太阳照在桑干河上》、柳青的《铜墙铁壁》、《创业史》、孙犁的《风云初记》、杜鹏程的《保卫延安》、知侠的《铁道游击队》、高云览的《小城春秋》、吴强的《红日》、曲波的《林海雪原》、梁斌的《红旗谱》、杨沫的《青春之歌》、雪克的《战斗的青春》、李英儒的《野火春风斗古城》、刘流的《烈火金刚》、冯志的《敌后武工队》、冯德英的《苦菜花》、欧阳山的《三家巷》、罗广斌、杨益岩的《红岩》、浩然的《艳阳天》等，短篇小说有孙犁的《山地记忆》、茹志鹃的《百合花》、峻青的《黎明的河边》、王愿坚的《党费》、萧平的《三月雪》等，这都是一幅幅英雄的画卷，一曲曲英雄的赞歌。艺术家们情感的闸门被打开了，他们用自己心中的火焰，用手中的笔述说着一个个英雄，交织着一个英雄的史诗时代。

如果说在战争年代需要的是人们认清现实的话，那么此时则需要的是人的伟大创造力。在中国共产党的领导下，中国人民取得了抗日战争和解放战争的伟大胜利，现在人们又带着无比大的信心和干劲去建设我们的祖国。这是一种昂扬向上的精神，一种无形的力量，由此，表现在文艺创作中，浪漫主义开始上升。1958年3月毛泽东在党的一次工作会议上，就诗歌创作提出了现实主义和浪漫主义相结合的创作主张。周扬在同年6月《红旗》杂志的创刊号上发表的《新民歌开拓了诗歌的新道路》中传达了毛泽东的这一主张，并作了进一步的阐释。随后，就文艺的现实主义与浪漫主义相结合的创作方法，在全国范围内引起了大讨论。最终，在1960年的第三次文代会上正式确立了"两结合"的创作方式是"最好的创作方法"。这种艺术的发展现实和艺术政策的调整，必然体现在美学的理论中，也为美学理论提出了新的要求。如果说坚持"客观性与典型性"美学观点的蔡仪的《新美学》在20世纪40年代出版时曾受到了高度的评价，是因为它适应了当时的现实主义的文艺现实和文艺政策的话，那么，在新中国成立之后浪漫主义文艺创作开始上升的时代，无疑它会表现出对文艺现象解释的乏力，这也迫切需要新的美学理论的出现。

三 美学语境

美学在中国作为一门现代学科得以建立，是20世纪初"西学东渐"的结果，"美学"这一译名也是由日文转译而来的。自从美学传入中国以后，经过近半个世纪的发展，到新中国成立之前，在美学研究领域形成了三种美学理论话语，或者称三种理论传统：一是马克思主义美学话语，以毛泽东的《讲话》和蔡仪的《新美学》为代表；二是西方美学话语，以朱光潜的《谈美》、《文艺心理学》为代表；三是中国古典美学话语，以王国维的《人间词话》为代表。

全国解放战争胜利在即，1949年7月2日全国文艺工作者代表大会(即第一次文代会)在北平召开，这是国统区和解放区两支文艺大军的胜利会师。在这次大会上有几个重要报告对中国以后新文艺的方向起了重要的作用，即周恩来的题为《在中华全国文学艺术工作者代表大会上的政治报告》(7月6日)，郭沫若的题为《为建设新中国的人民文艺而奋斗》的总报告(7月3日)，茅盾的题为《在反动派压迫下斗争和发展的革命文艺》的关于国统区革命文艺运动的报告(7月4日)，周扬的题为《新的人民的文艺》的关于解放区文艺运动的报告(7月5日)。特别是周扬的报告，对新中国成立之后文艺的发展方向具有重要意义。他提出："毛主席的《在延安文艺座谈会上的讲话》规定了新中国的文艺的方向，解放区文艺工作者自觉地坚决地实践了这个方向，并以自己的全部经验证明了这个方向的完全正确，深信除此之外再没有第二个方向了，如果有，那就是错误的方向。"[①]这个文艺的新方向——延安文艺传统——得到了与会者的一致赞同，并写入了最后的大会总决议中。这实际上确立了马克思主义理论话语的正统地位。同时，周恩来在《报告》中还提出了如何对待旧文艺的问题，把对旧文艺的改造提到了议事日程，"凡是在群众中有基础的旧文艺，都应当重视它的改造。这种改造，首先和主要的是内容的改造，但是伴随这种内容的改造而来的，对旧形式也必须有适当的与逐步的改造，然后才能达到内容与形式的统一"。[②] 如此，在新的环境下，马克思主义美学话语一旦确立了正统地位，其他的理论话语将要面临着一个被改造的问题，即必须进行马克思主义的改造，而这种改造在新中国成立后的典型表现是，在文艺领域是通过三次强制性的政治批判来实现的，即电影《武训传》的批判、《红楼梦》的批判和胡风批判。在美学领域，由于1956年"百花齐放，百家争鸣"方针政策的确立，使得美学的马克思主义的改造成为当时少有的学术大讨论。

朱光潜在1956年12号的《文艺报》上发表了《我的文艺思想的反动性》一文首先作了自我批判。接着，《文艺报》、《人民日报》、《哲学研究》等报刊陆续刊了发贺麟、蔡仪、黄药眠、李泽厚等人批判朱光潜的

---

①　《周扬文集》第1卷，人民文学出版社1984年版，第513页。

②　《周恩来选集》上卷，人民出版社1980年版，第354页。

文章。然而，就在大家一致开展对朱光潜批判的时候，批判者之间却发生了严重的观点分歧。黄药眠在 1956 年 14、15 号的《文艺报》上发表的《论食利者的美学》一文遭到蔡仪的反戈一击，这使得单纯对朱光潜的批判变得复杂化。蔡仪在 1956 年 12 月 1 日的《人民日报》发表《评"论食利者的美学"》一文对黄药眠的美学观点进行了深入分析，他认为黄药眠的观点与朱光潜的观点表面上看似不同，其实质是一样的，都是唯心主义的美学观。获得喘息机会的朱光潜在 1956 年 12 月 25 日的《人民日报》上发表《美学怎样既是唯物的又是辩证的》一文，他不但批驳了蔡仪的观点，而且提出了"物甲"、"物乙"理论，初步论证了他的新观点"美是主观与客观的统一"。接着，李泽厚在 1957 年 1 月 9 日的《人民日报》上发表《论美的客观性与社会性》，在既批评朱光潜又批评蔡仪的基础上，依据《手稿》中"自然的人化"理论提出了第三种观点："美是客观性与社会性的统一"的观点。李泽厚的观点不但新颖独特，并且在马克思的著作中找到了充足的理论依据，引起了人们的关注，同时也激发了人们思考美学问题的兴趣。一时间，文艺界、美学界纷纷撰文参与讨论。据不完全统计，1956 年至 1964 年，参加讨论者近百人，发表论文约三百余篇，后来编成六卷本《美学问题讨论集》。这次美学讨论的结果是在中国当代马克思主义美学中出现了四派：以蔡仪为代表的客观派，以吕荧为代表的主观派，以朱光潜为代表的主客观统一派，以李泽厚为代表的客观社会派。这在当时的学术界，是少有的也确乎是罕见的一次百家争鸣，同时也为美学研究重新选择经典提供了可能。

第二节　国际《手稿》美学研究热

中国当代马克思主义美学对《手稿》的关注也是与国际《手稿》美学研究热密切相关的。《手稿》的公开发表在世界范围内引起了研究热潮，我国对《手稿》的最初译介和接触，几乎是与世界同步的。新中国成立后，随着五六十年代美学大讨论的进行，在苏联美学讨论的影响下，《手稿》中美学思想逐渐为人们所了解和接受。新时期以来，随着对外开放政策的实行，西方世界逐渐为中国所了解，西方各种思潮也迅速涌入中国，西方马克思主义美学也随之传入中国。由于其美学思想大都是从《手稿》出发的，或者是与之相关联的，因此，随着西方马克思主义美学思想的传入，他们对《手稿》的研究也开始为中国当代马克思主义美学研究者所了解。同时，由于中西研究视角的差异，又引起了人们对《手稿》的进一步关注。

一　苏联审美本质大讨论的直接影响

或许是历史的巧合，大约在同一时期，从 20 世纪 50 年代中期到 60 年代中期（1956—1966 年），在苏联美学界也发生了一场关于审美本质的大讨论。他们与中国美学大讨论的具体起因是不同的，但是由于当时苏联与中国的特殊关系，苏联审美本质大讨论对中国马克思主义美学产生了直接的影响。

在 20 世纪 50 年代中期的苏联美学界，片面认识论的观点仍占主导地位，他们认为艺术、科学和哲学在内容上是没有差别的，差异的只是对现实反映形式的不同，艺术是一种形象的反映，形象性是艺术的本质。1956 年，布罗夫出版了《艺术的审美本质》一书，首先针对这种认识论的美学观提出异议。他认为艺术的本质不仅仅在于形式，而在于审美，艺术认识的对象是具有审美意义的对象。他的这种观点立即引起了激烈的争论。为了说明艺术的审美性质，必然追溯到审美的本质，因此，争论逐渐延伸到关于审美本质的讨论。在讨论中，关于审美本质的理解形成两大派：自然派与社会派。自然派认为审美本质在于事物的自然属性，而社会派则认为审美本质在于与人相关的社会属性。社会派的观点是与《手稿》直接相关的，他们是从《手稿》中的"自然的人化"、劳动实践等理论来论述美学问题的，其代表人物有斯托洛维奇、万斯洛夫、包列夫、塔萨洛夫、巴日特诺夫、戈尔登特利赫特、涅陀希文等。如前所述，《手稿》全文尽管是由苏联整理出版的，但在出版之后，《手稿》却一直被作为马克思的早期著作置之漠然。直到 1956 年苏共二十大之后，人们才开始关注这部手稿。也是在这一年，《手稿》和马克思、恩格斯的其他早期著作一起汇编成一卷《马克思恩格斯早期著作》，第一次在苏联出版俄文版。社会派美学家尽管也认为《手稿》中虽然具有不成熟的看法，却包含着系统的、有待阐明的深刻的美学内容。由于对《手稿》理解的差异，在苏联审美社会派内部也形成两种略有不同的观点：一是纯客观派，以斯托洛维奇为代表，二是适度客观派，又称生产实践派，以塔萨洛夫、巴日特诺夫、戈尔登特利赫特、涅陀希文为代表。虽然他们都是以《手稿》为理论根据的，但是一个侧重于从"自然的人化"来论证审美的社会属性，另一个则侧重从劳动创造、"人的本质力量的对象化"来论证审美的创造性与自由性。

由于当时中国与苏联的特殊关系，其理论成果很快传播到中国，当时苏联审美社会派代表人物的文章和著作都在中国有非常及时的中译本。从当时的译介情况来看，对社会派观点的译介文章有：1955 年第 5 期的《学习译丛》上发表了罗思丁译万斯洛夫的《客观上存在着美吗？》，1956 年第 9 期的《学习译丛》上发表了冯申译布罗夫的《美学应该是美学》，1956 年第 10 期的《学习译丛》上发表了冯申译斯特洛维奇的《论现实的美学特性》，1962 年第 3 期的《外国学术资料》上发表了陈沉译勒·卡冈的《劳动和美》，综述类的文章有：1957 年第 8 期的《学习译丛》上发表了周均译阿历克塞耶夫的《关于审美实质问题的讨论》，1962 年第 1 期的《外国学术资料》上发表了祝融译伊·柯斯塔霍夫的《美学中几个问题的论争》，等等；同期，1957 年，《学习译丛》编辑部编译出版了《美学与文艺问题论文集》，1964 年，《哲学译丛》编辑部出版了《现代美学问题译丛》(1960—1962)，其中在这两部文集中都收录了苏联审美社会派美学的部分论文；译介的书籍有：1955年上海新文艺出版社出版了侯华甫译万斯洛夫的《艺术中的内容与形式问题》、吴行健译叶果洛夫的《论艺术的内容与形式问题》，1958年北京朝花美术出版社出版了杨成寅译涅陀希文的《艺术概论》、上海新文艺出版社出版了夜澄译万斯洛夫的《美与崇高》等。从学术的影响来看，中国美学大讨论中也出现了与苏联相对应的社会派美学观点——李泽厚的客观性与社会性统一派，并且，二者所运用的理论都是来自于《手稿》中的"自然的人化"以及劳动实践理论等。可见，苏联审美本质大讨论对中国当代马克思主义美学选择和接受《手稿》提供了直接的理论资源。

二 西方马克思主义美学研究的影响

《手稿》的公开发表，立刻在西方马克思主义者中间引起了不小的震动。其实，比1932年苏联出版《手稿》全文的时间稍早，在德国莱比锡的阿尔弗勒德·克勒纳出版社出版了由两位社会民主党人——齐·朗兹胡特和J. P. 迈尔曾编辑整理的《手稿》的另外一个版本（内容不全），题为《国民经济学与哲学。论国民经济学同国家、法、道德和市民活动的关系(1844年)》。在朗兹胡特和迈尔为出版《手稿》而写的前言中，称《手稿》的发表将使对马克思的理解获得崭新的意义，赞扬《手稿》是"包罗马克思的全部思想的整个范围的唯一文件"，《手稿》表明马克思理论的真正核心是异化而不是阶级斗争，"《共产党宣言》的第一句话稍加改动可以这样表达：到目前为止的一切历史都是人的自我异化的历史"。[1]西方学者在《手稿》中读出了与对马克思主义一贯传统的理解所不同的思想——人道主义，他们以为从中发现了马克思主义的"真髓"。比利时人亨·德曼在1932年第5、6期《斗争》杂志上发表的题为《新发现的马克

---

[1] 《〈1844年经济学哲学手稿〉研究（文集）》，湖南人民出版社1983年版，第285、290页。

思》中就认为："这部著作比马克思的其他任何著作都更清楚地揭示了隐藏在他的社会主义信念背后，隐藏在他一生的全部科学创作的价值判断的伦理的、人道主义的动机。"①由此，在西方世界掀起了用青年马克思主义思想重新解读马克思主义的热潮，如马尔库塞发表了《论历史唯物主义的基础》、弗洛姆发表了《马克思关于人的概念》。他们认为马克思历史唯物主义的真正基础是西方的人道主义传统，把马克思同恩格斯和列宁对立起来，把马克思主义归结为人道主义，用马克思《手稿》中的思想反对恩格斯的自然辩证法理论和列宁主义。第二次世界大战后，由于世界形势的变化，他们在研究《手稿》理论的基础上形成一股"西方马克思主义"思潮。后来，由于"五月风暴"的影响，西方马克思主义也越出西方而为世界所注意。

一般以为，由于种种原因，中西方马克思主义美学是并行发展的，二者很少会有直接的影响关系，即使有关系，也是在改革开放后晚近的事情。其实，仔细考察会发现，早在 20 世纪 30 年代中期我国对西方马克思主义美学理论就有所翻译，比如，早在 1935 年就在《译文》第一卷第一期上发表了卢卡奇的《左拉与现实主义》，其后便是 1936 年在《小说家》上发表的他的《小说理论》第一部分。另外，如果从对中国当代马克思主义美学接受《手稿》的影响而言的话，西方马克思主义美学思潮对中国还有一种间接的影响。西方马克思主义美学对《手稿》的研究直接影响了苏联美学界对《手稿》的关注，而苏联美学又直接影响了中国在五六十年代的美学大讨论中对《手稿》的接受。并且，在 20 世纪 60 年代，通过苏联的"反修"批判，西方马克思主义的一些著作也通过内部资料的形式传入我国，也是这些资料直接影响了中国"文革"之后的异化与人道主义大讨论，也直接影响了当时的"《手稿》热"与"美学热"。当然，西方马克思主义美学对中国当代马克思主义美学的真正影响还是在 20 世纪 80 年

① 《〈1844 年经济学哲学手稿〉研究（文集）》，湖南人民出版社 1983 年版，第 348 页。

代中期以后。从理论的译介来看，虽然在 1982 年天津人民出版社出版了徐崇温的《"西方马克思主义"》，但是当时仍然是作为被批判的理论来认识的。徐崇温在第一章讲述"西方马克思主义"来龙去脉时带有结论性地认为："它所反映的，并不是无产阶级的马克思主义世界观，而是小资产阶级激进派的世界观。"① 在美学研究方面，直到 1988 年 9 月才由漓江出版社出版了陆梅林选编的《西方马克思主义美学文选》，同年，四川大学出版社出版了冯宪光的《"西方马克思主义"文艺美学思想》研究专著。也是这一年，在四川成都首次召开了西马文论与美学研讨会。

由于西方马克思主义理论研究者大都是书斋学者，他们大多关注的是文化问题，比如，卢卡奇、柯尔施、葛兰西、马尔库塞、弗洛姆、萨特等无不如此。英国新左派评论家佩里·安德森曾指出西方马克思主义的研究对象的焦点是文化。他们把更多的精力集中于美学、文艺学在内的文化问题，有着丰富的美学理论。他们从《手稿》的异化思想和卢卡奇的总体辩证法中吸取营养，试图把革命的战略目标从俄国十月革命开创的武装斗争转移到以文化为主体的革命，从政治、经济、阶级斗争问题转移到文化、美学、文艺问题上来，从文化、美学、文艺的角度展开对资本主义社会的批判，以期建立一个更加正义、更加人道的理想的乌托邦社会的构想。他们对《手稿》的研究多与其政治观点相连，从《手稿》中的异化理论、人道主义出发解释文化、美学、文艺现象，探讨人的自由解放问题，这和中国与苏联从《手稿》中的劳动实践理论的角度探讨美学问题是不同的。因此，西方马克思主义美学思潮传入中国，促使了人们对《手稿》的思想展开进一步阐释热潮，比如，1992 年学林出版社出版了朱立元的《历史与美学的求解——论马克思〈1844 年经济学——哲学手稿〉与美学问题》，2000 年花城出版社出版了夏之放的《异化的扬弃——〈1844 年经济学哲学手稿〉的当代阐释》，2003 年辽宁大学出版社

① 　徐崇温：《"西方马克思主义"》，天津人民出版社 1982 年版，第 52 页。

出版了王向峰的《〈手稿〉的美学解读》，2004 年人民出版社出版了张伟的《走向现实的美学——〈巴黎手稿〉美学研究》，等等。

第三节　中国当代马克思主义美学发展的内在逻辑

马克思认为："理论在一个国家实现的程度，总是决定于理论满足这个国家的需要的程度。"①不论是中国当代马克思主义美学发生语境，还是国际《手稿》美学研究热，只是为中国当代马克思主义美学选择《手稿》提供了一种可能，是一种外部语境。《手稿》能否作为中国当代马克思主义美学理论的元话语，参与到中国当代马克思主义美学的理论建构中，最终取决于理论发展的内在逻辑，这也是中国当代马克思主义美学选择《手稿》的内在语境。

一　美学大讨论中的潜在问题及其解答

发生在 20 世纪五六十年代的美学大讨论，是围绕美的本质问题"美究竟是客观的还是主观的"展开的，并围绕对美的本质的回答形成四种不同的观点，或称美学四大派。其实，关于美的本质问题的回答在美学大讨论中只是表层的问题，真正促使美学大讨论形成乃至逻辑发展的，还有一个更为深刻的美学问题，即美究竟是功利的还是超功利的。只有从这个潜在的问题出发，才能真正理解《手稿》为新中国之初的美学大讨论所选择的内在逻辑。

美学大讨论实质上是一场马克思主义美学理论话语对其他美学话语的改造过程。马克思主义美学话语的明显特征是强调功利性，而被改造的对象——以朱光潜为代表的西方美学则是一种主张超功利性的美学话

①　《马克思恩格斯选集》第 1 卷，人民出版社 1995 年版，第 11 页。

美学传统的形成与突破

语。因此，这次讨论本应该既是两种不同美学话语的论争，也是关于两种不同美学观点的论争：美究竟是功利的还是超功利的。如果我们考察一下发生在大讨论之前的关于朱光潜美学思想的一次小型讨论或许更能清楚地看出这一点。事情是由一名读者来信引起的。1949 年 10 月出版的《文艺报》第一卷第三期发表了一封来自浙江省富阳县人民政府的一名读者（丁进）的来信，信中称自己是一位同情朱光潜的"移情说"和"距离说"的读者，他认为，这本来是一个老问题，但是在学习毛泽东《讲话》的过程中了解到艺术批评有政治和艺术两个标准后，迫感问题有讨论的必要性，希望能就这个问题展开讨论。编辑部邀请蔡仪对读者来信做答——蔡仪写了一篇题为《谈"距离说"与"移情说"》的短文，与读者来信发表在同一期上。蔡仪认为，朱光潜的美感态度是超脱的，排除一切情感欲望的，其美感论是孤立绝缘的，脱离现实。美感原是社会生活决定的，也就是说它有社会性，而且有阶级性。蔡仪的最终回答——艺术标准服从政治标准，正是很中肯地阐明了美学上的一个基本问题。随后，朱光潜写了题为《关于美感问题》的反驳文章，蔡仪又写了对朱光潜反驳的回应文章《略论朱光潜的美学思想》，黄药眠也参加了对朱光潜的批评，写了《答朱光潜的治学态度》，三篇文章同时发表在《文艺报》第一卷第八期上。从当时的论争情况来看，除了黄药眠的文章有点政治批判的味道以外，讨论还是限于学术内的讨论，讨论的中心问题是美感的功利性与超功利性问题，这也是两种美学话语争论的焦点分歧所在。但是，当美学大讨论真正开始的时候，却由于当时中国特定的政治环境，这一问题被另外的问题所遮蔽了。

在大讨论之前发生的对俞平伯《红楼梦研究》的批判和胡风批判，使单纯的对知识分子的批判逐步升级，上升为对资产阶级唯心主义思想的批判。1954 年 10 月，毛泽东在写给中共中央政治局成员和其他有关同志的《关于红楼梦研究的信》中，第一次引人注目地将资产阶级思想归结为"资产阶级唯心论"。由于毛泽东的指示，中共中央在 1955 年连续发出几个指示，号召在全国展开宣传唯物主义思想和对资产阶级唯心主义思想展开批判的运动。1955 年 1 月 26 日，中共中央发出了《关于在干部和知识分子中宣传唯物主义思想和批判资产阶级唯心主义思想的演讲的工作通知》，3 月 1 日中共中央又发出《关于宣传唯物主义思想和批判资产阶级唯心主义思想的指示》，并且 4 月 11 日《人民日报》在显著位置发表《展开对资产阶级唯心主义思想的批判》的社论。在这样的背景下，在思想文化领域，批判资产阶级唯心主义的运动广泛展开，并且将"唯物"与"唯心"严格区分开来，带有明显的政治意味，"唯心"一时间成为"反动"的代名词。① 虽然，在 1956 年党中央确立了"百花齐放，百家争鸣"的方针，但是在这种大的历史背景下展开的美学大讨论，一开始就带有明显的政治批判意味。从朱光潜自我批判的文章《我的文艺思想的反动性》到一组批判朱光潜的文章可以看出批判的政治性，如 1956 年《文艺报》第 14、15 号黄药眠的《论食利者的美学——朱光潜美学思想批判》、1956 年《哲学研究》第 4 期敏泽的《朱光潜的反动思想的源与流》、1956 年 7 月 9、10 日《人民日报》贺麟的《朱光潜文艺思想的哲学根源》，无论从题目和内容来看都直指朱光潜的"唯心"或"反动"本质，使美学的讨论完全成为一种政治批判，遮蔽了学术本身的问题，使本来应该讨论的问题演变为潜在问题。

　　虽然如此，在美学讨论进行中，因蔡仪的一篇文章却使事情出现了转机，使得美学讨论由单纯的政治批判变为学术讨论成为可能。在人们一致批判朱光潜美学思想"反动"本质的时候，1956 年 12 月 1 日，蔡仪在《人民日报》发表了《评"食利者的美学"》，针对黄药眠在批判朱光潜的文章中所暴露出的问题进行了尖锐的批评。黄药眠是站在政治的观点批判朱光潜的，但是，在这种批判中却暴露出其美学观点与朱光潜有某种

————————

　　① 蒯大申：《朱光潜后期美学思想述论》，上海社会科学院出版社 2001 年版，第 38—39 页。

程度的相似性。蔡仪敏锐地发现了这一点，指出："如果说黄药眠的这种论点和朱光潜的有什么区别的话，我看不外是朱光潜是所谓'纯粹的唯心论'，而黄药眠也许是不纯粹的唯心论罢了。"①蔡仪的这一批判，在某种意义上，引起了人们对美学的兴趣，引起了人们对问题本身更多的学术思考。在这种情况下，朱光潜也获得了喘息的机会，于1956年12月25日在《人民日报》上写了题为《美学怎样才能既是唯物的又是辩证的》一文，着重批评了蔡仪的机械唯物论，为自己的观点进行辩护。通过学习马克思主义著作的朱光潜，已经抓住了马克思主义美学的功利性特征，并由此出发对蔡仪美学的缺陷进行了精彩的分析。他认为，蔡仪只是承认美的客观性方面"剥夺了美的主观性，也就剥夺了美的社会性"②，另外，"据蔡仪同志的理论推下去，美感不能影响美，美感尽管是千变万化的，而美却是一成不变的，永远是客观存在的。这就无异于说，这无数不同的人都没有见到那美的全体，至多每人只能见到它的一丝一毫，这种理论实质是什么呢？就其把美这个客观存在看作不是人所能完全认识的对象来说，他是把康德式不可知论应用到美学里面来；就是把美看做是脱离无数人的美感而超然独立的一种绝对概念来说，它基本上就是柏拉图式的客观唯心论"。③ 这确实是蔡仪美学观点的缺陷和矛盾所在，他一方面承认美的绝对客观性，但是在论述社会美时把美等于善，"善便是一种美，即社会美"④，而善又不是客观的，如此理论上便出现了矛盾。在这种情况下，美学讨论潜在的问题又一次浮出水面，但在当时，蔡仪和朱光潜由于其本身的理论缺陷是无法解答这一问题的，而问题的答案恰恰就在呼之欲出的《手稿》中。

　　首先把问题的解答与《手稿》联系起来的是李泽厚。在他的第一篇参

---

① 《中国当代美学论文选》第1卷，重庆出版社1984年版，第245页。
② 《朱光潜美学文集》第3卷，上海文艺出版社1983年版，第35页。
③ 《朱光潜美学文集》第3卷，上海文艺出版社1983年版，第37页。
④ 《蔡仪文集》(1)，中国文联出版社2002年版，第341页。

与美学讨论的文章《论美感、美和艺术》中就非常敏锐地抓住了美学大讨论的真正问题：美感的矛盾二重性——审美的功利性与非功利性，他认为："美感的矛盾二重性，简单说来，就是美感的个人心理的主观直觉性和社会生活的客观功利性质，即主观直觉性和客观功利性。"①从美感入手研究美学问题，在当时是需要一定的胆识的，因为在那个年代，从美感入手在某种程度上等于从主观入手，是有唯心主义之嫌的。但他却认为，美感是美学中最普遍也是最直接的现象，从美感问题入手研究美学问题是必然的，提出问题的方式固然重要，但是解答问题的方法更为重要。他从《手稿》中"自然的人化"的理论出发，巧妙地回答了美感和美的功利性与超功利性的关系。他的意义不仅仅在于在一定程度上回答了当时美学大讨论中的潜在问题，更重要的是极大地彰显了《手稿》的美学价值。很快，《手稿》为美学界所知晓，《手稿》的相关理论也为朱光潜、蒋孔阳等美学理论家所阐释，成为美学大讨论中的一种重要理论话语。

二 20世纪80年代的"美学热"与"《手稿》热"

20世纪80年代，"美学热"再度兴起。在某种程度上说，这次"美学热"是五六十年代的美学大讨论的延续。但是，其中有一个重要的变化，那就是美学所要解决的问题发生了改变。如前所述，五六十年代美学大讨论的目的是对其他美学话语进行马克思主义的改造，其表层问题是批判唯心主义美学思想，建立唯物主义美学体系，也即美究竟是客观的，还是主观的，潜在问题是要回答美的功利性与超功利性的关系。在80年代，由于时代的变化，政治、艺术、美学等语境与五六十年代相比都发生了明显的变化。"唯物"与"唯心"的区分已逐渐失去了表层的政治内涵，人们在抚平"伤痕"的同时，开始了对自我和人性的反思。新时期的美学研究也从美与人的关系、美与主体的关系的角度，展开了理论

① 李泽厚：《美学论集》，上海文艺出版社1980年版，第4页。

美学传统的形成与突破

的思考。《手稿》因其包含着丰富的思想内容，不但为异化和人道主义大讨论所关注，也再一次成为美学研究中的热点。

1979年是新时期美学发展中非常重要的一年。在这一年中发表了三篇重要的美学论文，一是发表于《文艺研究》1979年第3期上朱光潜的《关于人性、人道主义、人情味和共同美》，二是发表于《美学》第1期上李泽厚的《康德美学思想研究》，三是发表于《美学论丛》第1辑上蔡仪的《马克思究竟怎样论美?》。朱光潜在《关于人性、人道主义、人情味和共同美》中从艺术创作的角度呼唤要突破人性的禁区。他认为："马克思《1844年经济学－哲学手稿》整部书的论述，都是从人性论出发，他证明人的本质力量应该尽量发挥，他强调的'人的肉体和精神两方面的本质力量'便是人性。"否定了人性，也就是否定了共同美感的存在。在他看来，"毫无疑问，不同的阶级的确有不同的美感。焦大并不欣赏贾宝玉所笃爱的林妹妹，文人学士也往往嫌民间大红大绿的装饰'俗气'。可是这只是事情的一个方面，事情还有许多其他的方面"。① 美感不但有阶级的趣味，不同阶级之间也有共同的美感，因为人不但有阶级性，还有共同的人性。李泽厚的《康德美学思想研究》是他的《批判哲学的批判——康德述评》一书中第十章"美学与目的论"中的一部分。李泽厚运用"六经注我"的方式，在阐释康德哲学的同时，重新解释了实践思想，突出了实践的主体性，并提出"积淀"这一概念。在此之后，他接连发表四个主体性论纲，提出了一套主体性实践哲学美学体系，在新时期的美学研究中引起广泛影响。蔡仪的《马克思究竟怎样论美?》分为上、下篇，上篇"批评所谓实践观点的美学"通过批评前苏联审美社会派美学的观点批评了中国实践美学的观点，下篇"论美的规律"正面阐述了自己的美学论点。此时的蔡仪仍然坚持其原有的美学观点，认为美是客观的，但是，他吸收了《手稿》中的"美的规律"范畴，通过对"美的规律"的阐发重

---

① 《朱光潜全集》第5卷，安徽教育出版社1989年版，第389、392页。

新论证了他的"美是典型"的美学观点。从这三篇美学论文来看，虽然在美学观点上是各不相同的，但是有一个共同点，那就是都与《手稿》有着密切的关系，朱光潜从中读出了人性，李泽厚读出了实践的主体性，蔡仪读出了客观性。三篇文章一经刊发，不论是赞成还是反对，首先引发的是对《手稿》的关注，也可以说是他们掀起了新时期 80 年代持续多年的"《手稿》热"与"美学热"。

此时，人们对《手稿》已经很熟悉，但是对《手稿》作何种理解，以及对其中的范畴和命题如何阐释，则成为人们争论的焦点问题。比如，围绕"劳动创造了美"这一命题，有刘纲纪的《关于"劳动创造了美"》、涂途的《马克思的"劳动创造了美"刍议》、王又平的《马克思美学思想的经典命题——论"劳动创造了美"》、周忠厚的《关于"劳动创造了美"的问题——与蔡仪同志商榷》、彭吉象的《从"劳动创造了美"看美的本质》等多篇争论文章；围绕"自然的人化"的理解，有程代熙的《试论马克思、恩格斯的"人化的自然"的思想》、朱恩彬的《"人化的自然"与美》、张帆的《也谈马克思论"人化的自然"》等多篇争论文章；围绕"美的规律"的理解，程代熙的《关于美的规律》、墨哲兰的《人的本质与美的规律》、朱式蓉的《"美的规律"何在?》、王善忠的《也谈"美的规律"》等多篇争论文章。有关具体论争情况，我们将要在第三章中再详细论述。这种争论到1982 年达到了一次高潮，这一年先后于哈尔滨、天津召开了两次全国性的《手稿》讨论会，全国各种报刊刊出了上百篇学术论文，黑龙江、山东、陕西等省的出版社还于其后出版了论文专集。通过对《手稿》范畴和命题的论争和解读，《手稿》作为重要的元话语融入中国当代马克思主义美学的话语建构当中，在中国当代马克思主义美学传统的形成过程中起了非常重要的作用。

美学传统的形成与突破

第二章 《手稿》与中国当代马克思主义美学的哲学基础

中国当代马克思主义美学是现代美学中马克思主义理论话语在新中国的继续发展。在 20 世纪 30 年代，便形成了以马克思主义认识论——列宁反映论为哲学基础的话语体系，到 40 年代以蔡仪的《新美学》的出版为其标志基本成熟。但同时由于受前苏联机械唯物主义和庸俗社会学的影响，在对哲学反映论的理解上存在着某种机械化和庸俗化的倾向。在五六十年代的美学大讨论中，这种倾向逐渐暴露出来，被一些学者所指出并试图运用《手稿》中的思想予以克服。新时期，在解放思想、实事求是这一思想路线的指引下，随着"《手稿》热"和"美学热"的持续升温，人们在研究《手稿》的过程当中，又开始了对美学的哲学基础的反思。当然，也由于对美学的哲学基础和对《手稿》理解的差异而存在着争论，但从中国当代马克思主义美学的发展历程来看，《手稿》在总体上促成了中国当代马克思主义美学的哲学基础从机械反映论到实践论的转变。

第一节 《手稿》的哲学观与美学观

《手稿》作为马克思的一部早期著作，学界对其内容和历史地位的认识是有争议的。对其作何种理解，在某种程度上直接影响着人们对中国当代马克思主义美学哲学基础的认识。为此，在分析考察《手稿》与中国当代马克思主义美学的哲学基础的关系之前，有必要对《手稿》的历史地位、哲学观和美学观作一宏观整体的把握。只有通过对《手稿》的哲学观与美学观的宏观把握，才能为我们透视《手稿》与中国当代马克思主义美学的哲学基础之间的关系提供一个清晰的思考平台，从而也更有利于理解《手稿》对中国当代马克思主义美学哲学基础历史演进的贡献和价值。

一　《手稿》在马克思主义中的地位

关于《手稿》在马克思主义中的地位，即《手稿》与成熟的马克思主义之间的关系，各国学者的看法历来不一。大致看来，可分为三种观点：一种观点认为，《手稿》是马克思的一部早期著作并且只是一部手稿，并且在文字中还留有黑格尔与费尔巴哈较多的影响，因此，它不是马克思的主要著作，在马克思的思想发展中不具有重要的地位；另一种观点则认为，《手稿》是马克思主义思想发展的巅峰，在此之后，马克思放弃了《手稿》中的许多重要的概念，诸如"类"、"异化"等，并且后期思想明显显现出"停滞"或"衰退"的迹象；第三种观点认为，从《手稿》到《资本论》是马克思主义思想逐步发展成熟的渐进过程。那么，我们究竟如何来看待马克思的这一早期著作呢？

从写作背景和写作目的来看，马克思在《手稿》中已经开始进入了一个新的研究领域——政治经济学。马克思在《莱茵报》工作期间，因经常接触到批判现实的问题，如对林木盗窃法案的讨论以及对摩塞尔河地区农民生活状况的考察，特别是《莱茵报》被查封这一事实，使得马克思感到自己的理论体系——黑格尔哲学的不足。由此，马克思决定展开对黑格尔哲学的批判，《黑格尔法哲学批判》是马克思对黑格尔哲学批判的开始。在批判的过程中，马克思又深感到经济问题的重要，在经过大量阅读经济学著作之后，在法国工人革命的鼓舞下，计划撰写《政治和经济学批判》一书，《手稿》只是这部著作的一部分，也是他未完成著作的笔记。马克思在《〈政治经济学批判〉序言》中回顾自己这段思想历程的时候，曾指出："我的研究得出这样一个结果，法的关系正像国家的形式一样，既不能从它们本身来理解，也不能从所谓人类精神的一般发展来理解，相反，它们根源于物质的生活关系，这种物质的生活关系的总和，黑格尔按照18世纪英国人和法国人的先例，概括为'市民社会'，而对市民社会的解剖应该到政治经济学中去寻求。"①可以看出，马克思在当时已经开始意识到在经济生活中包含着解决问题的答案。

从内容构成来看，《手稿》已经包含着马克思后期思想中的三个重要组成部分：马克思主义哲学、政治经济学和科学社会主义。从形式上看，《手稿》由三个手稿组成。② 第一手稿，前三小节是对经济学家关于工资、资本的利润和地租的论述和评论，基本上是采取对国民经济学家的著作的摘录加以评注的形式，探讨了私有制以及私有制所决定的经济范畴问题；第四小节，即被整理者标题为"异化劳动"，在这一小节中，马克思从经济事实出发，提出"异化劳动"这一概念，通过对异化劳动的分析探讨了私有制产生的原因。第二手稿，绝大部分已经散失，残留的断片被标以"私有财产的关系"的标题，内容主要是继续发挥"异化劳动"中所阐明的思想，研究了一般私有财产的问题。第三手稿，包含内容比较复杂，包括对第二手稿中已经遗失的第36—39页内容的重要补充、论述资本主义生产的需要与分工等内容、论述货币在资产阶级社会中的职能以及对黑格尔哲学以及辩证法的批判等内容，被整理者分别标题为"国民经济学反映的私有财产的本质"、"共产主义"、"需要、生产和分工"、"货币"、"对黑格尔的辩证法和整个哲学的批判"等。从三个手稿

---

① 《马克思恩格斯选集》第2卷，人民出版社1995年版，第32页。

② 在这里是按照《手稿》整理之后的内容来论述的。

的内容来看，《手稿》包含了经济学、哲学、共产主义三方面的内容，也就是说，《手稿》已经包含了后来构成马克思主义的三个重要组成部分。虽然《手稿》是马克思的一部未完成著作的笔记，但是这三个部分之间的关系已经不是孤立的，而是形成了一个相互论证、相互补充的整体。在《手稿》中，马克思批判了资产阶级政治经济学，揭破了私有制永恒性的谎言，论证了私有制从产生到灭亡以及共产主义必然实现的历史规律，而无产阶级也必然承担起历史使命并最终完成人类解放的伟大任务。因此，从内容来看，《手稿》已经包含着马克思全部思想的萌芽，并预示了马克思主义发展的新方向。

从分析问题的方法来看，在《手稿》中体现最为明显的是经济学与哲学方法的结合。巴日特诺夫认为："政治经济学和哲学在《1844年经济学—哲学手稿》中的结合——这是从理论上研究共产主义和唯物主义的深刻方法论原则，是真正克服黑格尔辩证法的唯心主义和一般旧哲学的局限性的基本前提。"①在《手稿》中"异化劳动"无疑是一个重要的概念，马克思首次运用异化理论研究经济领域中的异化现象，并且又与劳动结合起来阐述异化问题，从而在"异化劳动"这一马克思所独创的概念中充分显现了这两种方法的结合。那么，经济学和哲学这两种方法的关系究竟如何呢，或者说在这种结合中哪种方法更占据主导地位呢？张一兵认为，经济因素在《手稿》中的出现，仍然是一种隐性话语。他认为："在这一写作过程中（主要是第三笔记），由于对经济现实的深入，马克思的思考中也萌生出一条始终是不自觉的客观线索，虽然这一线索在《1844年手稿》中是不自觉的和隐性的。与前苏联的学者的认识不同，我以为这不是'马克思主义的观点'，而不过是马克思接触经济学的一种理论无意识。两种完全异质的理论逻辑和话语并行在马克思的同一文本中，呈

美学传统的形成与突破

---

① ［苏］Л. Н. 巴日特诺夫：《哲学中革命变革的起源——马克思的〈1844年经济学哲学手稿〉》，刘丕坤译，中国社会科学出版社1981年版，第101页。

现了一种奇特的复调语境。当然，我们始终记住，人本主义逻辑在这一文本中始终占主导地位。"①在张一兵看来，在《手稿》中，人本主义的逻辑，即哲学的方法仍占据着主导地位，而经济学话语在这里还是隐性的，不自觉的。其实，他的这种理解并不符合马克思的思想发展历程，也不符合马克思的写作目的。马克思恰恰因为接触到经济学问题，从而引起了他的哲学观的变化，经济学在《手稿》中已经起着非常重要的作用了，而不再是隐性的话语了。马克思恰恰是因为通过对异化劳动现象的经济学的分析，才真正展开了对黑格尔辩证法的批判以及对费尔巴哈唯物主义的超越的。

毋庸讳言，《手稿》在马克思主义的思想发展中，还是一部早期的、不成熟的著作。在术语的使用上，还保留着大量的国民经济学以及德国古典哲学的术语。在哲学观上，还保留着费尔巴哈的人本主义的痕迹。在对重要问题的论述上，还同马克思后期著作中的那种经典分析和表述形式相距甚远。但同时，马克思在《手稿》中通过对经济问题的分析，虽然使用的是旧有的术语，却赋予了它们以新的内涵，并展示了新的世界观的萌芽，成为新的世界观的起点。这在马克思主义思想发展史上是一个决定性的转折。

二 《手稿》的哲学观

"异化劳动"是马克思在《手稿》中提出的一个核心概念，也是马克思接受费尔巴哈唯物主义之后在批判国民经济学和黑格尔辩证法过程中形成的重要理论成果，是马克思当时用来考察政治经济学、哲学和共产主义等问题的基本理论依据和支柱。"异化"（Entfremdung），从语源上来说，它是英文名词"alienation"的德译。在古典政治经济学中，"altena-

---

① 张一兵：《回到马克思——经济学语境中的哲学话语》，江苏人民出版社 2003年版，第 218—219 页。

tion"是用来描述商品生产者在市场上把自己的产品作为商品进行交换的过程的。同时，"异化"范畴也在德国古典哲学中得到广泛的应用。费希特用它描述"设定"，亦即创造、创立客体的过程。黑格尔则指理念的外化、对象化。费尔巴哈则用它来分析宗教的、哲学的异化。马克思则用"异化"来分析经济问题，并且提出了自己的新概念"异化劳动"。马克思通过对"异化劳动"这一概念的阐释和分析，展现了他当时所形成的新的哲学观。

（一）异化劳动概念的四个规定

《手稿》对经济学的研究是从批判国民经济学开始的。因为国民经济学特别是英国古典政治经济学经历了几百年的发展，已经取得了丰硕的研究成果，达到了古典政治经济学发展的顶峰。它们最重要的理论成果是发现了劳动价值学说——劳动是财富的唯一源泉。但是，由于他们把私有财产作为不加论证的前提给予肯定下来，不理解劳动、资本、土地之间分离产生的根源，致使其理论本身存在着诸多矛盾。从劳动价值论出发，一方面，劳动的产品，在理论上就只属于劳动者，但是事实恰好相反，劳动产品不但不属于劳动者，反而为他人所有，劳动者自身也不得不出卖自己而成了最低廉的商品。马克思循此追问："国民经济学家对我们说，劳动的全部产品，本来属于工人，并且按照理论也是如此。但是他同时又对我们说，实际上工人得到的是产品中最小的、没有就不行的部分，也就是说，只得到他不是作为人而是作为工人生存所必要的那一部分以及不是为繁衍人类而工人这个奴隶阶级所必要的那一部分。"①面对矛盾，国民经济学家不但不加以怀疑和探究，反而作为事实接受下来，致使其理论止步不前。

马克思恰恰在他们止步的地方前行，追究事后的本原。马克思从一

---

① 《马克思恩格斯全集》第 42 卷，人民出版社 1979 年版，第 54 页。

个简单的经济事实出发，"工人生产的财富越多，他的产品的力量和数量越大，他就越贫穷。工人创造的商品越多，他就越变成廉价的商品。物的世界的增殖同人的世界的贬值成正比"。① 劳动生产了一切，却没有给劳动带来任何东西，而是给私有财产提供了一切。因为国民经济学家不考察劳动与劳动产品的关系，因而无法解决其中的矛盾，更不会找到这一事实背后的原因。马克思却从这一事实发现，工人与自己的劳动产品处于一种异己的对立的关系中，"这一切后果包含在这样一个规定中，工人同自己的劳动产品的关系就是同一个异己的对象的关系。"②这其中的根源在哪儿？显然工人的劳动与劳动产品的对立只是表现，更深刻的根源存在于劳动的过程中，存在于异化的劳动中。就此，马克思深入分析了异化劳动的四个规定。

第一，劳动与劳动产品的对立。劳动创造了产品，而产品却与劳动者处于一种对立的关系中。产品本来是工人劳动的对象化，却和劳动者发生着对立的关系，对象化却意味着失去对象。从对象化的角度来看，没有自然界，没有感性的外部世界，工人就什么也不能创造。自然界一方面给劳动提供生活资料，即劳动的对象，另一方面也为工人提供肉体生存所需的资料。但是，工人越是通过自己的劳动占有外部的世界，他就越失去生活资料，失去工作，失去肉体生存所需的资料。这种异化的现实在资本主义社会中处处可见，但是，国民经济学家却把这作为事实接受下来，作为资本主义生产的规律接受下来。这一切异化现象的背后，是劳动本质的异化。

第二，劳动本质的异化。马克思认为劳动者同自己产品的异化，只是一种结果。而真正的异化存在于生产的行为中，即劳动的过程中。这是马克思对劳动性质的考察。劳动异化的性质明显地表现为，只要肉体

---

① 《马克思恩格斯全集》第 42 卷，人民出版社 1979 年版，第 90 页。
② 同上书，第 91 页。

的强制或其他强制一消失，人们就像逃避鼠疫一样逃避劳动。劳动对劳动者本身而言，是外在的，是强迫的，是不自由的。劳动在这里不是满足劳动自身的需要，而是满足劳动需要以外的需要的一种手段。劳动的这种外在性质表明，这种劳动不是属于工人自己的，而是属于他人的。显然，马克思在这里对劳动性质的分析是后期雇佣劳动概念的萌芽。

第三，人的类本质的异化。这个规定是马克思由以上两个规定推出来的。人作为类的存在物，无论是人还是动物，类生活从肉体方面来说就在于人靠无机的自然生活，但是人比动物更具有普遍性。自然界对于人而言，不但是维持肉体生存的生活资料来源的对象，还是科学的对象以及艺术的对象。在这种作为类的生活的活动中，劳动首先是维持肉体生存的手段。"一个种的全部特性、种的类特性就在于生命活动的性质，而人的类特性恰恰就是自由的自觉的活动。"①但是，由于异化劳动，一方面使人失去了自然界，另一方面使劳动成为仅仅维持生活的手段。最终，异化劳动从人那里夺去了他的生产对象，也就从人那里夺取了他的类生活、他的本质。

第四，人与人关系的异化。当人同自身相对立的时候，他也同他人相对立。异化劳动所造成的人的类本质的异化的结果必然是人与人之间的关系相异化。一般来说，人同自身任何关系，只有通过人同他人的关系才得到实现和表现。如果人同自己的产品、自己的劳动活动是异己的关系，这些产品和活动不再属于他自己，那就一定要属于一个在他之外的存在物。这个存在物，不是自然界也不是上帝，只能是人，"只有人本身才能成为统治人的异己力量"。② 也就是说，异化劳动不但生产了与自己相对立的产品，还生产了相对立产品的所有者阶级——资本家阶级。同时，马克思在这里揭示了私有财产的根源。私有财产是积累的劳

① 《马克思恩格斯全集》第 42 卷，人民出版社 1979 年版，第 96 页。
② 同上书，第 99 页。

美学传统的形成与突破

动，是异化劳动的结果。从而论证了私有制不是既定的事实，而是历史的产物。

通过马克思对异化劳动概念四个规定的分析，可以看出，马克思通过异化劳动把资本主义社会的所有经济问题联系起来，并且揭示了它们的本质。私有制产生的根源，贪欲跟劳动、资本、地产这三者的分离之间的本质联系，以及交换和竞争之间、人的价值和贬值之间、垄断和竞争之间等的问题，都可以在异化劳动中得到解释。

(二)异化劳动概念所包含的新的哲学观

从异化到异化劳动，在马克思主义思想发展史上是一个重要的转折点。马克思通过对异化劳动的分析，认为在异化劳动中包含着资本主义社会一切矛盾问题的根源：劳动价值论矛盾的根源，私有财产产生的根源，劳动、资本、土地分离的根源，等等。马克思恰恰通过异化劳动这一概念集中体现了他这一时期所形成的新的哲学观。

首先，科学的实践观的萌芽。马克思的实践思想是在《关于费尔巴哈的提纲》中明确提出来的。但是，作为实践的最基本形式——生产实践却在《手稿》中得到了清晰的表达。异化劳动中的"劳动"，一方面来源于国民经济学劳动价值论，另一方面来自黑格尔的劳动观。但是，最终来源于经济学，因为黑格尔的劳动概念也是来源于古典经济学。黑格尔在《精神现象学》中把劳动看做人的主体通过创造客体、扬弃客体最终达到自我实现的过程。但是，黑格尔站在国民经济学家的立场上，只看到劳动的积极方面，没有看到劳动的消极方面。黑格尔唯一知道并承认的劳动是抽象的精神劳动。通过对经济学的研究，马克思批判地继承了黑格尔的劳动观，并把劳动理解为首先是一种物质生产劳动。物质生产劳动既是一种主体的对象化活动，又是人与自然之间的物质交换过程。不但包含着主体的人，还包含着客体的自然。在自然面前，动物是本能的、适应的，而人的劳动却是自由自觉的。"动物和它的生命活动是直接同一的。动物不把自己的生活活动区别开来。它就是这种生命活动。人则使自己的生命活动本身变成自己的意志和意识的对象。"①强调客体特征，说明劳动的对象性、客观性，强调主体特征，说明劳动的意识性、自由性。马克思认为，人之"所以能创造或设定对象，只是因为它本身是被对象所设定的，因为它本来就是自然界。因此，并不是它在设定这一行动中从自己的'纯粹的活动'转而创造对象，而是它的对象性的产物仅仅证实了它的对象性活动，证实了它的活动的是对象性的、自然存在物的活动"。② 由此可见，马克思的劳动实践观既是对黑格尔精神劳动的超越，又是对费尔巴哈直观活动的克服，特别是对物质生产劳动的对象性特征的突出和强调恰恰是马克思成熟实践观的本质特征的揭示。

其次，科学的人的本质理论的萌芽。劳动者在他的劳动之外是什么，不是国民经济学所关心的，他只关心能带来价值的有用劳动，而把劳动者的人交给了医生、法官、政治和宗教。马克思恰恰是通过对劳动者与劳动的关系的考察，发现了劳动本质的异化以及人的本质的异化，并最终找到了私有财产产生的根源。人是什么，马克思借用费尔巴哈"类"的概念，认为人是类的存在物，并从劳动的特征——自由自觉的活动出发，把人与动物区分开来。虽然马克思运用了"类"这一概念，但是由于马克思同时把劳动看成人的本质，因此马克思所言的"类"具有与费尔巴哈所不同的社会性特征。在劳动中，人不仅与自然发生关系，还要与人发生关系，因此，人必然生活在由人所组成的以劳动为基础的社会环境中。从马克思在 1844 年 8 月 11 日致费尔巴哈的信中，我们也可以看出马克思是在社会的意义上使用费尔巴哈的"类"概念的，"建立在人们的现实差别基础上的人与人的统一，从抽象的天上下降到现实的地上的人类概念，——如果不是社会的概念，那是什么呢！"③马克思不但把

① 《马克思恩格斯全集》第 42 卷，人民出版社 1979 年版，第 96 页。

② 同上书，第 167 页。

③ 《马克思恩格斯全集》第 27 卷，人民出版社 1972 年版，第 450 页。

美学传统的形成与突破

劳动与人的本质联系起来，而且，强调了劳动在人的形成中的重要作用，人的感觉器官的形成，离不开社会，离不开人的劳动，人的五官感觉的形成是全部历史的产物。这在一定程度上表达了恩格斯在多年之后强调的"劳动创造了人"的思想。但同时，马克思又是在异化的条件下谈人的本质的，把资本主义社会的人看成是异化的人，与人的本质是相敌对的，只有通过私有财产的积极扬弃，人的本质才能得到真正的复归，从异化的人复归为真正的人。西方马克思主义研究者恰恰由此从《手稿》中解读出一个"人道的马克思"，把马克思人本化了。显然，他们忽略了马克思在《手稿》中的劳动实践思想，马克思对人的本质的界定是与劳动实践密不可分的，关于人的自由自觉性的本质界定也是与劳动实践联系在一起的。

第三，历史唯物主义的萌芽。把"异化"和"劳动"结合起来形成一个新的概念——"异化劳动"，它不仅仅意味着哲学与经济学方法的结合，还预示着一种新的历史观的萌芽。从异化劳动的四个规定可以看出，作为与劳动者相对立的私有财产是异化劳动积累的产物，是人的自我异化的产物。马克思把私有财产的起源问题转换为异化劳动同人本身的问题，转换为人怎样在发展中使自己的劳动异化的问题，从而也即转换为人类的生产劳动的发展史的问题。马克思和恩格斯在《德意志意识形态》中，曾把究竟是从观念出发还是从物质实践出发，作为区分历史唯心主义和唯物主义的标准，"这种历史观（指唯物主义历史观，笔者注）与唯心主义历史观不同，它不是在每个时代中寻找某种范畴，而是始终站在现实历史的基础上，不是从观念出发来解释实践，而是从物质实践出发来解释观念的东西"。[①] 在《手稿》中，马克思恰恰是抓住了历史唯物主义的核心——生产劳动，试图从生产劳动的角度说明历史的发展问题。私有财产不再是人之外的东西，而是异化劳动的产物，是人的自我异化

---

① 《马克思恩格斯全集》第 3 卷，人民出版社 1960 年版，第 43 页。

了的本质，因此，私有财产的积极扬弃，也必然带来人的异化本质的复归，也必然意味着"历史之谜"的解答。因而马克思认为："我们把私有财产的起源问题变为异化劳动同人类发展的关系问题，也就为解决这一任务得到了许多东西。因为当人们谈到私有财产时，认为他们谈的是人之外的东西。而当人们谈到劳动时，则认为直接谈到人本身。问题的这种新提法本身就已包含问题的解决。"①另外，在异化劳动中还包含着历史唯物主义的生产力与生产关系的矛盾运动的萌芽。异化劳动，是一种物质生产劳动，异化劳动的结果是人与人的关系的异化，显然异化劳动也生产人与人之间的关系，即生产关系。异化劳动中恰恰是生产力与生产关系矛盾的结合体。当然，《手稿》中异化劳动所体现的历史唯物主义还是模糊的、不成熟的，最终会为新的理论所代替。

三　《手稿》的美学观

美学思想是与其哲学思想密切相关的，《手稿》在哲学观上形成了马克思主义新的世界观的萌芽，同样在美学思想上也预示着一个新的开端。在这里我们也分三个方面来简要分析《手稿》的美学观。

首先，马克思在《手稿》中把对美的探讨置于劳动实践这一新的哲学根基之上。马克思在异化劳动中，找到了私有财产的产生根源，也在劳动中发现了美以及人的感觉能力包括美感形成的根源。在《手稿》中马克思不但提出了"劳动创造了美"这一直接把美与劳动创造联系起来的美学命题，还提出了在人的生产过程中遵循的"美的规律"这一范畴，甚至在论述人的感觉的形成时，还论述了劳动与美感形成的关系。在内涵上，这三个方面是相通的，都是从劳动实践这一基础上论述美的创造、美的创造规律以及美感的产生的。动物的生产是本能的，直接受肉体支配的，而人的生产则是有自由的，可以再生产整个自然界，动物只是按照

美学传统的形成与突破

---

① 《马克思恩格斯全集》第 42 卷，人民出版社 1979 年版，第 102 页。

它所属的物种的尺度和需要进行生产，而人则可以按照任何物种的尺度进行生产，并且随时都能把内在尺度运用到对象中去创造出美的物体。人不但创造了美的世界，还创造了人本身。在马克思看来，五官感觉的形成是以往全部历史的产物。因此，人的感觉包括美感的形成也是劳动实践的结果。当然，马克思在这里并不是在专门论述美学问题，因此并没有对此再作出更深入的论述，但是，我们也不能因此否认其美学价值。以往的美学研究，不是把美归因为纯粹的客观自然界，就是还原为人的主观内心世界，即使如狄德罗提出的美在关系说，也仅仅是指自然的联系。而马克思则是从劳动的对象化和创造的角度论述美、美感的诞生以及美的规律问题的，这不但为美学研究开辟了一种新的研究思路，并且为美之为美奠定了一个实践的哲学基础。

其次，马克思在《手稿》中把人的本质与美的本质联系起来思考。马克思在《手稿》中认为，人是类的存在物，在本质上是自由自觉的。马克思在这里对人的本质的规定不是一种抽象的定义，而是把人的本质牢固地放在了劳动实践的基础上。"当现实的、有形体的、站在地球上呼吸着一切自然力的人通过自己的外化把自己现实的、对象性的本质力量设定为异己的对象时，这种设定并不是主体；它是对象性的本质力量的主体性，因而这些本质力量的活动也必须是对象的活动。"①既然人的劳动创造了美，并且还按照美的规律来建造，如此，美的本质则是人的本质力量的对象化过程，也是"自然的人化"的过程。人的生产过程是一个对象化过程，是一个实现人的个性和特点的过程。人在自己对象化的世界中直观到自己的本质，而产品成为确证人的本质力量的镜子。在直观自身的过程中，作为创造者的人获得劳动的兴趣和愉悦，也即获得美的享受。"自然的人化"不但包含外在自然的人化，还包含内在自然的人化。人可以通过劳动实践创造美的事物，在人的劳动实践中，自在的自然成

① 《马克思恩格斯全集》第42卷，人民出版社1979年版，第167页。

为人化的自然，成为属人的自然，同时，人的感觉能力包括美感的产生也是通过劳动实践形成的。"对于没有音乐感的耳朵说来，最美的音乐也毫无意义。"①人的生理器官只有通过劳动实践，完成由生理器官到社会器官的生成，才能形成美感，才能进行审美。

第三，马克思在《手稿》中给美的创造和美感的发生赋予了深厚的历史内涵。马克思不再是单纯追索美的事物背后抽象的、形而上的本质，而是从劳动生产实践的角度追问美的发生根源，从劳动和人的自由自觉的本质中考察美与美感生成的根源，使美成为不再是静止的、平面的，而是富有深厚历史内涵的、动态的存在。长城的美，不仅仅是其形式的蜿蜒，而是人类创造力的历史见证，黄河、长江的美，也不仅仅是其波涛的浩瀚，而且是中华人类文明的历史象征。劳动实践是历史的，人的感觉的形成是历史的。"只是由于人的本质的客观地展开的丰富性，主体的、人的感性的丰富性，如有音乐感的耳朵、能感受形式美的眼睛，总之，那些能成为人的享受的感觉，即确证自己是人的本质力量的感觉，才一部分发展起来，一部分产生出来。"②劳动实践是一种社会历史现象，人的感觉的丰富性也存在一个历史发展过程。另外，异化问题在《手稿》的哲学和美学研究中是争论最多的一个概念范畴。马克思通过异化设定了一个非异化的人的本质的存在，从而形成一个由人到非人再到人的否定之否定的过程。如果我们排除马克思的这种对本原的人的设定来看，马克思也同时为人的发展提供了一个伟大的历史视野，为人的发展和诞生提供了一个历史发展的语境。"私有财产的扬弃，是人的一切感觉和特性的彻底解放；但这种扬弃之所以是这种解放，正是因为这些感觉和特性无论在主体上还是在客体上都变成人的。眼睛变成了人的眼睛，正像眼睛的对象变成了社会的、人的、由人并为了人创造出来的对

① 《马克思恩格斯全集》第 42 卷，人民出版社 1979 年版，第 126 页。
② 同上。

美学传统的形成与突破

象一样。"①只有在私有财产得到扬弃的情况下，人的一切感觉才成为人的，劳动也才成为人的劳动、人的需要，人们在劳动中也才能真正获得审美的愉悦。

通过以上对《手稿》的哲学观与美学观的粗线条的勾勒，我们发现马克思在研究经济学的过程中，把根基放在了劳动实践的基础上，从而形成了以劳动实践为基础的新的哲学观和美学观，为最终走向辩证唯物主义和历史唯物主义奠定了坚实的基础。

第二节 《手稿》与中国当代马克思主义美学哲学基础的建构历程

通过上节的分析，我们知道，马克思在《手稿》中虽然已显现出天才萌芽的哲学观与美学观，但是，它们还不是整一的、明确的，其中包含着新旧思想的重合。因此，在理解《手稿》的哲学观与美学观的过程中，必然存在着争论，同时由于时代背景和认识角度的不同，对《手稿》中的思想的阐释必然表现出不同的价值取向。在《手稿》影响中国当代马克思主义美学哲学基础建构的过程中，同样表现出如此的特点。根据对《手稿》的哲学观与美学观的分析以及中国当代马克思主义美学对《手稿》接受取向的差异，我们将分劳动实践观、人的本质观、唯物历史观三个角度具体探讨《手稿》与中国当代马克思主义美学哲学基础的建构历程之间的关联。

一 劳动实践观

在 20 世纪五六十年代的美学大讨论中，蔡仪作为马克思主义美学话语的代表是批判以朱光潜为代表的主观唯心主义美学的主将。但是，

①　《马克思恩格斯全集》第 42 卷，人民出版社 1979 年版，第 124 页。

因其理论本身存在的缺陷，在"双百"方针的指引下，他不但遭到了朱光潜的反批评，还遭到了李泽厚等年青一代美学家的批评。他们批评的重点是蔡仪的客观典型说，而所运用的理论武器首先是来自《手稿》的劳动实践观。

李泽厚在《论美感、美和艺术》中不但批评了朱光潜的主观唯心主义美学，还批评了蔡仪的典型说。他认为，蔡仪的典型是指事物的自然本质属性，是属于形而上学的旧唯物主义美学观。美是客观的，但客观性不是事物的自然属性，而是社会属性，是"人化的自然"，"只有在自然对象上'客观地揭开了人的本质的丰富性'的时候，它才成为美"。[①] 在《美学三题议》中他则更进一步明确地认为，美是社会实践的产物，"具体地说，美必须具有合规律性的一定自然形式，但这自然形式所以具有美的性能和价值，都是由于它们对生活、实践的肯定而获有了社会内容。所以，首先，现实合规律性的存在(真)必须是可以感知的、具有自然物质形式的存在，缺乏这一条件便不可能构成美；没有感性自然形式的规律性，不是美的对象。其次，它们现实地成为美，是由于经过劳动、实践的漫长史程，沉淀着社会生活的丰富内容，与实践合目的性相统一的缘故"。[②] 在李泽厚看来，事物的美不是事物本身的自然属性，而是人类历史实践的结果。尽管如此，李泽厚在当时对美学哲学基础的理解上仍然是与蔡仪相同的，他坚持的也是"美感是对美的反映"的反映论，"美感是美的反映、美的摹写"，[③] 所不同的只是对美的客观性的理解的不同，蔡仪把客观性的根源放在自然属性上，而李泽厚则把它放在了社会实践的过程中。在五六十年代，真正从实践论的角度对机械反映论有所反思的是蒋孔阳和朱光潜。

---

① 李泽厚：《美学论集》，上海文艺出版社 1980 年版，第 25 页。

② 《中国当代美学论文选》第 2 卷，重庆出版社 1984 年版，第 288 页。这部分内容，李泽厚在收入《美学论集》时删掉了。

③ 李泽厚：《美学论集》，上海文艺出版社 1980 年版，第 18 页。

蒋孔阳虽然没有直接参与对蔡仪观点的批评，但是他也认为把美的客观性理解为事物的自然属性是旧唯物主义的观点，应从《手稿》中劳动实践的观点理解美和美感的诞生。"从社会实践的观点来探求美，我们就可以看出来：美既不是人的心灵或意识，可以随意创造的；但也不是可以离开人类社会生活，当成一种物质的自然属性而存在。它是人类在自己的物质与精神劳动过程中，逐渐客观地形成和发展起来的。"[①]在这里，蒋孔阳不但和李泽厚一样从实践的角度理解客观性的实践根源，而且他还强调了精神劳动的一面，这是对审美过程的反思。从实践观点出发，审美过程不单单是一个反映、模写的过程，还是一个包含着精神创造的劳动过程。

朱光潜则更为直截了当地对蔡仪典型说的哲学基础的反映论提出了质疑。他认为蔡仪虽然坚持了美的客观性，但是割裂了美与美感的联系。美不仅仅是反映，还包含美感的能动作用，单纯反映的观点是直观的认识论的观点，而马克思的美学观是实践的。在《生产劳动与人对世界的艺术掌握》中，朱光潜深入论述了《手稿》中的劳动实践的观点，他认为："人与自然，主体与对象（客体）在历史发展中处于不断的矛盾和统一的反复轮转中。把这两方面看成始终对立的而且彼此可以孤立的，就是一种形而上学的看法，也就是根据直观观点的看法，而不是根据实践观点的看法。"[②]在《美学中的唯物主义与唯心主义之争》中他进一步认为，马克思在《手稿》中的实践观点说明，"第一，马克思不只是把美的对象（自然或艺术）看成认识的对象，而是主要地把它看作实践的对象；审美活动本身不只是一种直观活动，而主要地是一种实践活动；生产劳动就是一种改变世界实现自我的艺术活动或'人对世界的艺术掌握'。其次，马克思在这里深刻地阐明了在生产劳动及审美过程中主观世界和客

① 《中国当代美学论文选》第 1 卷，重庆出版社 1984 年版，第 314 页。
② 《朱光潜美学文集》第 3 卷，上海文艺出版社 1983 年版，第 289 页。

观世界既对立而又统一的辩证原则：人'人化'了自然，自然也'对象化'了人。这个辩证原则是适用于人类一切实践活动（包括生产劳动和艺术）的"。① 在朱光潜看来，美不仅仅是一种反映，还更应是一种实践。当然，朱光潜在这里所理解的实践是一种艺术实践。

新时期伊始，正当人们开始对机械反映论美学观进行反思的时候，蔡仪却经过对《手稿》文本的细读式研究，发表了《马克思究竟怎样论美？》、《〈经济学—哲学手稿〉初探》等一系列批评劳动实践论美学观点的文章。他认为，国内的实践观点的美学显然是受了前苏联所谓实践观点美学的影响。但是，他们所依据的来自《手稿》的重要理论论据"自然的人化"、"劳动"等是大有问题的。首先，它们并非马克思成熟的思想，而带有浓厚的费尔巴哈的人本主义痕迹。其次，"自然的人化"在《手稿》中根本找不到明确的出处，并且与美学问题是根本不相关的。第三，实践派观点所引用的马克思的理论与马克思文本本身的语境是根本不同的，甚至是截然相反的。比如，马克思论述的劳动是异化劳动，并非是一般的劳动。经过这一番文本细读式的研究，蔡仪给予实践观点的美学无疑是一种釜底抽薪式的批驳。

针对蔡仪的批驳，朱狄、刘纲纪、陈望衡等实践美学家给予了积极的辩驳。朱狄主要是从对《手稿》以及马克思主义美学的研究方法的角度来谈的。他的《马克思〈1844 年经济学—哲学手稿〉对美学的指导意义究竟在哪里？》认为，蔡仪太拘泥于文字的考究，所谓文字的不同，只是翻译的不同，不存在找不到明确出处的问题；另外，所谓"自然的人化"不是在谈论美学问题，也是不正确的，《手稿》毕竟不是一部美学著作，我们应从《手稿》和马克思主义的基本精神理解马克思的美学思想，否则建构马克思主义美学体系将成为一句空话。② 刘纲纪在《关于马克思论美》

① 《朱光潜美学文集》第 3 卷，上海文艺出版社 1983 年版，第 367 页。
② 程代熙主编：《马克思〈手稿〉中的美学思想讨论集》，陕西人民出版社 1983 年版，第 108－109 页。

美学传统的形成与突破

中认为："从人与自然的关系来看，劳动都是人改造自然以满足人的物质生活和精神生活需要的活动，因而都是人的对象化的活动。"①马克思是从人与自然的一般关系来看劳动的，是适用于一切社会的条件，异化劳动只是劳动的一个特定阶段。另外，马克思提出了"劳动创造了美"这一美学命题，而从劳动的本质来看，恰恰是"自然的人化"和"人的对象化"，因此，"自然的人化"并非是与美无关的命题。陈望衡在《试论马克思实践观点的美学》中也认为，马克思所讲的"对象化"是人类从来的一般劳动，而"异化"或"外化"是私有制下的劳动，因此，《手稿》中的"自然的人化"只能是指一般劳动。既然人的劳动是"对象化"的劳动，劳动成果凝聚着人的心血、人的本质力量，而美则是人在对象中直观自己的本质力量，因此，美是劳动实践的产物。②

　　如果说刘纲纪、陈望衡等还是沿着五六十年代李泽厚所提出的美是劳动实践的产物这一思路继续进行阐发的话，那么，蒋孔阳、周来祥、曾永成等则吸收了朱光潜的艺术实践理论，从审美关系的角度进一步发展了劳动实践的美学观。他们认为，美学的研究对象，不是单纯的美、美感和艺术，而首先是审美关系，应通过审美关系来研究美、美感和艺术，而审美关系是以劳动实践关系为基础的，是在劳动实践关系中产生的一种关系。蒋孔阳在《美学新论》中认为，审美首先代表的是一种主客体的关系，因此，美学当中的一切问题，都应当放进人对现实的审美关系中来考察。而一切关系，都以人的需要为轴心，以人的实践为动力，以物的性质和特性为对象，相互交错和影响，形成了整个人类社会的历史和现实生活。而审美关系，就是这各种各样的关系之中的一种关系。"所谓审美的关系，就是作为主体的人，通过欣赏或创作的活动，在客体的对象中，去发现感知和鉴赏它的美以及它的其他的美学特性。我们

　　①　刘纲纪：《美学与哲学》，湖北人民出版社 1986 年版，第 44 页。
　　②　程代熙主编：《马克思〈手稿〉中的美学思想讨论集》，陕西人民出版社 1983 年版，第 207 页。

对待任何事物，除了实用的、认识的等等关系之外，差不多都存在着审美关系。"①同时，审美关系是以实践的实用关系为基础的，"在人对现实的一切关系中，最根本的不是审美关系而是实用关系。"②周来祥在《论美是和谐》中认为，人和自然在社会实践的基础上主要建立了三种关系：理智、意志、审美。审美关系是人与自然所建立的主要关系之一。"理智、伦理、审美这三种关系都是在实践的基础上产生的，是历史长期发展的产物。在发展中三者是相互影响，相互推动的，理性的发展，意志的发展，必然提高人们的审美能力，而审美情感的发展又会推动理智的发展和意志的发展，三者是一种辩证发展的关系。"③曾永成在《马克思怎样论审美关系》中也认为，以"关系"为马克思主义美学的逻辑起点，正体现了实践论在马克思主义学说中的重要地位。从实践出发，并不意味着直接从实践中寻求美的本质和根源。"实践是人与自然的'关系'表现，是人同自然一切关系的基础。因此，从实践出发，首先就应当抓住实践中人与自然的关系的深刻内容，并进而揭示出审美关系的特殊规定来。同时，也只有从严格意义的'关系'来把握马克思主义美学的逻辑起点，才能认识到审美关系作为人与自然的一种主体关系的本质，才能把审美关系放到人与自然的实践关系的基础之上和系统之中去考察。由此，也才能真正领悟所谓'实践美学'的精髓所在。"④

二　人的本质观

在《手稿》中，劳动实践是与人的本质密切联系在一起的。但是由于时代的原因，当劳动实践进入中国当代马克思主义美学视野的时候，

①　蒋孔阳：《美学新论》，人民文学出版社 1993 年版，第 7—8 页。

②　同上书，第 8 页。

③　周来祥：《论美是和谐》，贵州人民出版社 1984 年版，第 15 页。

④　曾永成：《马克思怎样论审美关系？——兼论马克思主义美学的逻辑起点》，《成都大学学报》(社会科学版)1985 年第 2 期。

《手稿》中人的本质理论并未立即引起人们的注意，比如，李泽厚在《论美感、美和艺术》中虽然提出了"人化的自然"，却把人解释为社会关系、社会生活，"自然本身并不是美，美的自然是社会化的结果，也就是人的本质对象化的结果，自然的社会性是自然美的根源"。[①] 朱光潜虽然从艺术实践的角度对机械反映论提出质疑，但是他强调的是意识形态的能动性，而不是人的主体性。在他交底的文章《美学中的唯物主义与唯心主义之争》中认为："我提出了'美是主观与客观的统一'，认为一些主观因素如世界观、阶级意识、生活经验、文化修养等等能影响人对于美的感觉，对于美的理想；由于人改变世界（包括艺术创作在内）要根据这种美的理想，所以美不但是客观世界的反映，也是主观世界的反映。这就是说，美是意识形态性的，有时代性，民族性，有阶级性。社会意识形态是反映社会基础的；肯定了美的意识形态性，并不等于否定美的客观现实基础，像我的反对者根据他们的奇怪的逻辑所论断的。"[②]

《手稿》中的人的本质理论真正受到人们的关注是随着新时期人们对"文革"的反思开始的。在那个荒唐的年代，人成了阶级的动物、阶级的符号，而人的真实自我却被忘却了。因此，当这一切结束的时候，人首先呼吁的是人性、自我的再生。新时期，刘心武的《班主任》、卢新华的《伤痕》等首先在文艺领域吹响了人性的号角。老一辈美学家朱光潜也再一次拿起手中的笔，怀着激动的心情写着：我们的文艺和美学要突破"人性"的禁区，人性是人类的自然本性，文学首先要表现的，人也是有道德的，我们需要人道主义，马克思的《手稿》就是以人性论为出发点的。"马克思正是从人性论出发来论证无产阶级革命的必要性和必然性，论证要使人的本质力量得到充分的自由发展，就必须消除私有制。因此，人性论和阶级观点并不矛盾，它的最终目的还是为无产阶级服

---

① 李泽厚：《美学论集》，上海文艺出版社 1980 年版，第 25 页。
② 《朱光潜美学文集》第 3 卷，上海文艺出版社 1983 年版，第 356 页。

务。"①汝信在 1980 年 8 月 15 日的《人民日报》上刊发《人道主义是修正主义吗?》一文,努力为马克思的人道主义正名。他认为,马克思主义从诞生的那天起,就把人的解放作为自己的最高目标,因此,人道主义是马克思主义必不可少的因素。"当马克思开始作为一个共产主义者踏上自己的发展道路时,他所最为关心的也正是有关人的问题。他对资本主义里的人的处境和地位的深刻分析,以及对未来共产主义社会里的人的需要,都贯彻着一种把人的价值放在第一位的人道精神。"②王若水则撰写《文艺与人的异化问题》、《为人道主义辩护》等激情文章,积极为人道主义唱赞歌。当然,也有人提出了不同的看法,比如,陆梅林的《马克思主义和人道主义》和蔡仪的《论人本主义、人道主义和"自然的人化"说》等。他们则认为,人道主义的鼓吹者所依据的理论资源《手稿》是马克思主义思想不成熟时期的著作,其中的人的本质理论还是费尔巴哈人本主义的。一时间,论争、讨论文章不断刊发,从 1979 年到 1983 年的短短几年,全国各大报纸杂志发表了关于人性、人道主义的讨论文章达七百多篇,形成了继真理标准大讨论之后又一次全国范围内的大讨论。尽管因为自 1983 年开始的清理精神污染和胡乔木在 1984 年 1 月 27 日《人民日报》上发表的长文《关于人道主义和异化问题》,讨论逐渐停止了。但是,经过讨论,人的主体地位得到了新的确认,人首先作为自我的意识已经深入人心。

李泽厚在新时期伊始发表了他在"文革"期间写成的康德哲学研究著作《批判哲学的批判——康德哲学述评》,这是他用"六经注我"的方式写成的,他运用马克思的实践思想补充和解读康德的主体性思想,提出和阐发了主体性实践哲学和美学思想。李泽厚一方面确实吸收了康德的主

① 《朱光潜全集》第 5 卷,安徽教育出版社 1989 年版,第 389 页。

② 汝信:《人道主义就是修正主义吗?——对人道主义的再认识》,原载《人民日报》1980 年 8 月 15 日第 5 版;另见《人道主义、人性论、异化问题研究专辑(1978. 12—1983. 4)》,中国人民大学书报资料社复印报刊资料,1983 年,第 34 页。

体性思想，但实际上又是在阐发《手稿》中人的本质理论的思想，这只不过是他当时的一种行文策略。康德虽然提出了主体性思想，但是他的主体是先验的，而马克思是从劳动、实践、社会生产出发，来谈人的主体性及人的自由解放的，在实践中找到了主体性的真正根基。李泽厚提出的主体性思想与新时期的人性呼唤正好合拍，所以，在新时期受到人们的极大关注。他认为"主体性"包含两个方面的内容，"'主体性'概念包括有两个双重内容和含义。第一个'双重'是：它具有外在的即工艺——社会的结构面和内在的即文化——心理的结构面。第二个'双重'是：它具有人类群体（又可区分为不同社会、时代、民族、阶级、阶层、集团等等）的性质和个体身心的性质"。① 相比五六十年代他强调的外在的工艺和人类群体性的主体性而言，此时则因吸收了康德的主体性理论以及《手稿》中人的本质理论而更重视文化心理结构和个体身心的主体性。他认为："美的本质是人的本质最完满的展现，美的哲学是人的哲学的最高级的峰巅；从哲学上说，这是主体性的问题，从科学上说这是文化心理结构问题。"②在审美的心理结构上，虽然他强调理性的内化、凝聚和积淀，但是他还突出了三个"自由"，"这种主体性的人性结构就是'理性的内化'（智力结构），'理性的凝聚'（意志结构）和'理性的积淀'（审美结构）。他们作为普遍的形式是人类群体超生物族类的确证。他们落实在个体心理上，却是以创造性的心理功能而不断开拓和丰富自身而成为'自由直观'（以美启真）、'自由意志'（以美储善）和自由感受（审美快乐）。"③

在新时期对《手稿》中人的本质理论作出重要阐发的还有刘纲纪、蒋孔阳和高尔泰等。刘纲纪虽然也是从劳动实践的角度阐发美、美感的诞生根源的，但是他更侧重从人的自由来定义美的本质，人作为人的自由性是其美学思想的核心内容。他认为，美在本质上是自由的，但是，马

---

① 《李泽厚哲学文存》下编，安徽文艺出版社1999年版，第633页。

② 同上书，第631－632页。

③ 同上书，第637页。

克思的自由观与以往唯心主义的自由观是不同的。马克思的自由观是首先以对必然与自由的关系的辩证唯物主义的解决为其共同理论前提的，其次是依据对人与动物的本质区别——劳动的分析而得出来的。刘纲纪认为，美的自由分为三个层面，即超越了物质生活需要满足范畴的自由，创造性地掌握和支配了客观必然性的自由，个人与社会达到高度统一的自由。在这三个层面中，人与社会的自由尤为重要，因为离开了社会性，所谓人的自由，所谓美，是不可思议的。"我们说美是人的自由的表现，也就是说美是个人与社会的高度统一的表现，是动物所没有的人的社会性的高度完满的表现。"①

蒋孔阳不但把美学的研究对象定位为以实践关系为基础的审美关系，他还根据《手稿》的"人的本质力量的对象化"理论形成了自己独特的美学观点"创造说"，突出主体在美的形成过程中的创造性。他认为，美是一个开放性的系统，它是多种因素多层累积的突创，任何单一的因素，不能成为美。而多种因素的中心是人，美离不开人，是人创造了美，是人的本质决定了美的本质。同时，"人的本质力量不是单一的，而是一个多元的、多层次的复合结构。在这个复合结构中，不仅既有物质属性，又有精神属性；而且在物质与精神交互影响之下，形成千千万万既是精神又是物质、既非精神又非物质的种种因素。而这些因素，随着社会历史的实践活动，随着人类生活的不断开展，又非铁板一块，万古不变，而是永远在进行新的排列组合，进行新的创造，从而永远呈现出新的性质和面貌。因此，人的本质力量，并不是固定不变的，而是万古常新、永远在创造之中的"。② 既然人的本质力量处于永远的创造之中，那么，作为人的本质力量对象化的美也必然处在永远的创造中。

高尔泰作为主观论美学的代表，在精心研读《手稿》的基础上，吸收

---

① 刘纲纪：《美学与哲学》，湖北人民出版社 1986 年版，第 30 页。

② 蒋孔阳：《美学新论》，人民文学出版社 1993 年版，第 169－170 页。

了其中人的本质理论，发展了自己已有的美学观。在新时期之初，他便深入研究了异化理论，发表了《异化辨义》、《异化现象近观》等文章，同时发表了《关于人的本质》的长文，在此基础上阐发了他的美学观点，认为，"美是自由的象征"。他认为人的本质是自由的，而美是人的本质的对象化，因此，运用三段论推理可以推出美是自由的象征。"对象对于我已不是我自身的界限，'人的世界'对于人已不是外在于他的异物，这是他的自由的确证，他因此而感觉到对象的美，并因为这感觉而体验到幸福，或者说快乐。所以审美的快乐是一种体验自由的快乐，审美的经验是一种体验自由的经验。而美，作为对象化了的人的本质，也就是自由的象征。"①他在这里讲的人的本质力量对象化是一种审美实践，与实践派美学所讲的人的本质力量的对象化——劳动实践作为美的根源理论是不同的。

三　唯物历史观

马克思和恩格斯在《德意志意识形态》中认为，究竟是从观念出发还是从物质生产实践出发是解释历史是唯心史观还是唯物史观的根本分野。马克思在《手稿》中通过对经济问题的分析，不但把对资本主义社会矛盾的分析放在了生产劳动这一历史唯物主义的基础之上，而且把美、美感的诞生也置于这一坚实的根基之上。因此，当中国当代马克思主义美学吸收《手稿》的劳动实践美学思想的同时，历史唯物主义的视野必然也成为其题中应有之义。但是，由于对《手稿》以及劳动实践这一范畴理解的差异，在唯物历史观的具体阐释和吸收上也存在着种种差异。

作为《手稿》美学思想的重要阐述者李泽厚，一开始就把美、美感的考察放在了历史的视野中。在 20 世纪五六十年代，为了克服朱光潜的主观唯心主义和蔡仪的形而上学唯物主义，他提出美是客观性与社会性

---

①　高尔泰：《美是自由的象征》，人民文学出版社 1986 年版，第 27 页。

的统一的美的本质观。社会性在李泽厚那里是一个非常重要的概念，它既是客观的，又是社会的，也是历史的，因此，它既有社会客观性，也有历史客观性，社会与历史是一体的。在《论美感、美和艺术》中，他认为："美是客观存在，但它不是一种自然属性或自然现象、自然规律，而是一种人类社会生活的属性、现象、规律。它客观地存在于人类社会生活之中，它是人类社会生活的产物。"①在他看来，美的客观性不是自然属性，而是人类生活的产物，从而也是历史的产物，社会与历史是一体的。在《美学三题议》中他则进一步明确提出："美是社会实践的结果，它的本质是一种沉淀。"②70 年代末 80 年代初，他在吸收康德的主体性理论的基础上努力建构主体性实践哲学和美学的时候，更是把实践和历史唯物主义联系在了一起。他认为："唯物史观就是实践论。实践论所表达的主体对客体的能动性，也即是历史唯物论所表达的以生产力、生产工具为标志的人对客观世界的征服和改造，他们是一个东西，把两者割裂开来的说法和理论都背离了马克思主义。"③在他看来，实践论与唯物史观是一体的，是一致的，离开任何一方，都会背离马克思主义，或走向一般社会学原理，或走向唯意志论。在他后期的美学思想中，这种历史唯物主义的视野突出表现在"积淀说"中。他认为："美作为自由的形式，是合规律和合目的性的统一，是外在的自然的人化或人化的自然。审美作为与这自由形式相对应的心理结构，是感性与理性的交融统一，是人类内在的自然的人化或人化的自然。它是人的主体性的最终成果，是人性最鲜明突出的表现。在这里，人类（历史总体）的东西积淀为个体的，理性的东西积淀为感性的，社会的东西积淀为自然的。"④"积

①　李泽厚：《美学论集》，上海文艺出版社 1980 年版，第 25 页。

②　《中国当代美学论文选》第 2 卷，重庆出版社 1984 年版，第 289 页。这部分内容，李泽厚在收入《美学论集》时删掉了。

③　《李泽厚哲学文存》下编，安徽文艺出版社 1999 年版，第 623 页。

④　同上书，第 630 页。

美学传统的形成与突破

淀"就其理论来源看，它首先来自于马克思的实践理论，然后吸收了荣格的集体无意识理论和皮亚杰的发生认识论等现代心理学成果；就其内涵而言，用李泽厚自己的话来解释，就是"指社会的、理性的、历史的东西累积沉淀成了一种个体的、感性的、直观的东西，它是通过'自然的人化'的过程来实现的"①。显然，他所言的"积淀"是一种文化心理结构，它是一种实践的沉淀，更是一种历史的累积。当然，这种把实践与历史视野相结合的阐释，也是与对实践的理解相关的，李泽厚反复强调实践首先是一种制造和使用工具的生产实践（practice），而不是泛指的实践（Praxis）。"而所谓社会实践，首先和基本的便是以使用工具和制造工具（这里讲的工具是指物质工具，例如从原始石斧到航天飞机。也包括能源——从火到核能）为核心和标志的社会生产劳动，最后集中表现为近代科学实验在认识论上的直接的先锋作用。"②

刘纲纪建立的实践唯物主义美学观同样重视对历史维度的阐发。他认为，马克思主义哲学是站在人类对客观物质世界的实践改造的基础上来认识必然与自由的关系问题的，因此，自由永远是有条件的、具体的、历史的，没有超历史的、无条件的自由，人的自由的获得是一个历史的过程。劳动对人具有双重内涵，一方面是满足肉体的生存需要，另一方面是满足人的精神需要。人与动物是不同的，人的劳动是自由的，也即人在劳动中不但满足了肉体的需要，还获得了精神的满足，获得了最初的精神愉悦，也即美、美感产生的根源。但随着历史的发展，人类所追求的美已远远超越了物质生产领域，进入人的社会领域。那么，当我们考察美的自由的时候，不但要看其人与自然关系的自由，还要看其人与人之间社会关系的自由。物质生产领域的自由提供了美的形式，而社会领域的自由提供了美的内容。人的自由的实现，不仅取决于人与他

① 李泽厚：《美学三书》，安徽文艺出版社 1999 年版，第 517 页。

② 《李泽厚哲学文存》上编，安徽文艺出版社 1999 年版，第 85 页。

人的关系，还取决于人对自然的改造，物质生产实践是获得自由的最终基础。"其所以如此，在根本上还是由构成人类全部生活基础的物质生产劳动的本质所决定的。人类的物质生产劳动从来就是一种社会性的活动，也就是结成一定社会关系的人们共同进行的活动，而不是在社会之外的、孤立的、单个人的活动。人的社会性来源于人类劳动的社会性，并且是随着物质生产的发展而发展的，不是一成不变的。"①也即是说，美作为从必然到自由的飞跃，它是以物质生产劳动为基础的社会的、历史的产物。

蒋孔阳首先认为马克思《手稿》的美学思想是建立在历史唯物主义基础上的，他认为："马克思在《一八四四年经济学—哲学手稿》一书中，就最早运用了这种与德国唯心主义相反的历史唯物主义的观点，一方面批判了当时资产阶级国民经济学对于劳动的本质的歪曲，另一方面则具体地论证了人类的劳动不仅不是与美和艺术相敌对，而且从本质上来说，正是劳动创造了美和艺术，人类的劳动是依照'美的规律来造型'的。"②同时，他还在解读《手稿》基础上形成了美的"创造说"，也充分发展了其中的历史维度。他的"创造说"，首先是一种多层累的突创，不但包括美的形式从空间上的积累到时间上的绵延，还包括从量变到质变的突然变化，这本身就是一个历史的过程，是一个"恒新恒异"的过程；其次，他把人的创造能力——人的本质力量作为一个多层次的系统，同时也是历史的，"无论自然属性或精神属性，当它们作为人的本质力量表现出来的时候，它们都离不开社会性，都是社会历史的产物"。③

如果以上美学家在论述劳动实践理论的时候，还只是突出了历史维度的话，那么，另外一些美学家在阐发《手稿》美学理论的基础上，则直接把中国当代马克思主义美学的哲学基础放在了历史唯物主义的基础之

①　刘纲纪：《艺术哲学》，湖北人民出版社 1986 年版，第 187 页。
②　蒋孔阳：《德国古典美学》，商务印书馆 1980 年版，第 351—352 页。
③　蒋孔阳：《美学新论》，人民文学出版社 1993 年版，第 171 页。

美学传统的形成与突破

上。陆梅林在《唯物史观与美学》中认为："马克思唯物史观的发现，意味着马克思主义美学的崛起，人类美学思想意味从此进入了一个崭新的阶段。"①他在《马克思主义美学的崛起——〈1844 年经济学—哲学手稿〉读后》中认为，马克思在《手稿》中已经初步形成了物质生产实践观，也初步奠定了唯物史观和新美学的基础。"马克思的唯物史观的思想，在此前即露端倪，唯在哲学《手稿》中发挥得比较清楚。"②他进一步认为，马克思在《手稿》中，以劳动实践为前提，创立了他的审美理论，在美学思想史上第一次科学地阐明了审美主客体的生成以及二者之间的相互关系和作用的基本问题。郑涌在《历史唯物主义与马克思的美学思想》中认为，哲学和政治经济学相结合是历史唯物主义产生的必由之路，而《手稿》正是在政治经济学中寻求市民社会的解剖，把"劳动"、劳动的"异化"和异化的"扬弃"等作为现代的社会的范畴，揭示资本主义社会的各种关系和结构，从资本主义社会本身的内在联系说明资本主义历史，以此作为他建立历史唯物主义的起点。③《手稿》也正是在历史唯物主义基础上论述美感的起源、美感和艺术的特性以及美感和艺术的历史发展的。在《马克思美学思想的哲学基础》中，他进一步明确认为，马克思主义美学的哲学基础不是认识论，而是历史唯物主义，"马克思主义美学的哲学基础，主要不是认识论（反映论），而是历史唯物主义。认识论（反映论）是构成马克思主义美学的哲学基础的必要条件，但绝非充分条件"。④ 他认为，马克思一生的主要哲学贡献是历史唯物主义，而这种历史唯物主义的起点是《手稿》，《手稿》中的一些基本概念，诸如"劳动"、"异化"、"扬弃"等，经过马克思的改造已经包含着历史唯物主义

---

① 陆梅林：《唯物史观与美学》，光明日报出版社 1991 年版，第 1 页。
② 程代熙主编：《马克思〈手稿〉中的美学思想讨论集》，陕西人民出版社 1983 年版，第 137 页。
③ 同上书，第 158 页。
④ 郑涌：《马克思美学思想的哲学基础》，《文学评论》1982 年第 2 期。

的内容，同时他在《手稿》中提出的美学命题和范畴“自然的人化”、“美的规律”等都直接指向历史唯物主义，也是历史唯物主义才把马克思主义美学同其他唯心主义美学和旧唯物主义美学区分开来。

四　从机械反映论到实践论

在中国当代马克思主义美学的发生时期，无论在对马克思主义的解读上，还是在对中国当代马克思主义美学的哲学基础的理解上，唯物主义都具有绝对的权威性。物质是第一性的，精神是第二性的，精神是对物质的反映。由于受苏联日丹诺夫的影响，一切哲学史归结为唯物主义与唯心主义的斗争史。不仅如此，唯物与唯心的区分在当时还与政治态度的分野有着直接的关系，唯物代表的是革命的、正确的，而唯心则代表的是反动的、错误的。因此，当这种对马克思主义哲学的理解被直接套用到美学研究的时候，不免带有一定程度的机械性和庸俗性。

在五六十年代的美学大讨论中，作为客观论代表的蔡仪，因其拥有按照唯物主义原理建构起来的严整的美学理论体系，具有绝对的话语权，也因此成为改造、批判以朱光潜为代表的唯心主义美学的主将。蔡仪是在其《新美学》中确立其美学观点和体系的，此后基本没有什么发展。他根据唯物主义认识论（反映论）的原则，对美与美感作了严格的区分，认为美感属于美的认识，是第二性的，而美属于客观存在，是第一性的，而一切唯心主义美学的迷误在于把美感与美相混淆。“我们认为美是客观的，不是主观的；美的事物之所以美，是在于这事物本身，不在于我们的意识作用。但是客观的美是可以为我们的意识所反映，是可以引起我们的美感。而正确的美感的根源正是在于客观事物的美。没有客观的美为根据而发生的美感是不正确的，是虚伪的，乃至是病态的。”[①]因此，美学的研究对象应是现实事物，即美的存在。在美的存

---

① 蔡仪：《蔡仪文集》(1)，中国文联出版社 2002 年版，第 235 页。

在、美的认识和美的创造三领域中，"美的存在是美学全领域中最基础的东西，唯有先理解美的存在然后才能理解美的认识，然后才能理解美的创造"。① 既然美在现实事物之中，那么，美是客观的，是不以人的意志为转移的客观存在。他据此进一步提出美的本质的定义："美的东西就是典型的东西，就是个别之中显现着一般的东西；美的本质就是事物的典型性，就是个别之中显现着种类的一般。"②

蔡仪的美学观虽然在整体上坚持了唯物主义的原则，认为美是客观的，存在于现实事物中，但同时，他又把美与美感割裂开来，认为美是可以脱离美感而存在的，可以脱离人而独立存在的，而美感只是美的反映，美感不能对美产生影响。从而，把美看作孤立的、静止的、不变的、永恒的存在。因此，在对美的认识上又显示出某种机械性或形而上学性。对此，朱光潜在《美学怎样才能既是唯物的又是辩证的》一文中作了深入的分析。他认为：

我们可以把蔡仪同志的美学观点归纳成三个要点：

（一）美与美感是对立的：美是客观存在，在于客观事物本身的法则，是第一性的，美感是主观认识，是第二性的；美可以引起美感，但是美感不能影响美，物的形象的美是不依赖于鉴赏的人存在的。

（二）美的理想，生活经验，心境，思想倾向等等都是主观的，和"人之所以认为某一对象的美"有关系，与美感有关，与美无关。人可以借物的形象来抒情，但是这种形象是人自己的情趣（按：情趣是由美的理想、生活经验，思想倾向等等产生的）的幻想，不是真正物的形象。物的形象是不依赖于鉴赏的

① 《蔡仪文集》(1)，中国文联出版社 2002 年版，第 204 页。
② 同上书，第 235 页。

人而存在的。

（三）承认事物的美有它本身的原因，美的评价才有客观的标准，才有是非之分。①

当然，朱光潜是从他的主客观统一说的角度进行分析的，不过他对蔡仪的美与美感的割裂观点的分析还是非常深刻的。在这篇文章中，朱光潜从能动的反映论的角度认为，美感是可以影响美的。在《论美是客观与主观的统一》中他首次提出生产劳动的观点，试图解决弥补单纯反映论对美的认识的不足，"事实上要完全解决美学的基本问题，列宁的反映论之外，还要加上马克思主义特别针对文艺来说的两个基本原则。首先是马克思和恩格斯所屡次指示过的文艺是一种社会意识形态那个基本原则"。其次，"把文艺看作是一种生产，这是马克思主义关于文艺的一个重要原则"。② 在《生产劳动与人对世界的掌握方式》中他直接论述了《手稿》中劳动实践的思想，他认为，在劳动实践中，主观的目的性和客观的规律性得到了统一，主观的能动性与客观世界得到了统一，因而美也应是主观与客观的统一。

李泽厚则是从蔡仪的典型说批评其美学观点的机械性的。他认为："典型"在蔡仪那里是指事物的自然本质属性。"很清楚，这就是把美或典型归结为一种不依存于人类社会而独立存在的自然属性或条件。这就是说，美的客观存在和物质世界的客观存在完全一样，是不依赖于人类的存在而存在的。因此，在没有人类或在人类之前，美就客观存在着，存在在自然界的本身中。因此许多人便到自然事物本身中去寻找美的标准，找出了'黄金分割''形态的均衡统一'等等。他们总是证明美是存在于客观事物的这种简单的机械的数学比例、物质性能、形态式样中，把

① 《朱光潜美学文集》第 3 卷，上海文艺出版社 1983 年版，第 33 页 。
② 《中国当代美学论文选》第 1 卷，重庆出版社 1984 年版，第 335、341 页。这部分内容，朱光潜在收入《朱光潜美学文集》时略有改动。

美学传统的形成与突破

美归结为这种简单的低级的机械、物理、生理的自然条件或属性，认为客观物体的这种自然属性、条件本身就是美。""这实际上，就是把美和美的法则看作是一种一成不变的绝对的自然尺度的抽象的客观存在，这种尺度实际上就已经成了一种超脱具体感性事物的抽象的先天的实体的存在了，各个具体物体的美就只是'显现了'这个尺度而已。"①在李泽厚看来，蔡仪虽然肯定了美的客观性，但是远没有对这种客观性进行合理的说明，把美的客观性归结为典型，要么滑向旧唯物主义的自然属性论，要么跌入唯心主义的客观的理念论。由此他认为，根据辩证唯物主义原理，要真正解决美的客观存在的问题，就不能不承认美的社会性，美是客观的，同时它是一种社会性的客观性。社会性不是美感的社会性，而是社会存在的社会性。他从《手稿》中的"自然人化"思想找到了自己思想的立足点，认为美的社会性是"自然人化"的结果。在《美学三题议》中结合马克思的劳动实践对自己的观点进行了充分的论述。

朱光潜和李泽厚在对蔡仪美学观点的批评和反思中都不约而同地找到了《手稿》中的劳动实践思想，当然，他们对实践的理解是不同的，反思的角度也是不同的，但是他们都同时认识到了蔡仪美学反映论观点的机械性。但同时，由于特定的时代条件，这种反思又是十分有限的。朱光潜虽然认识到反映论的不足，试图用艺术实践的思想对之进行补充，但是整体而言，仍是在认识论的范围内进行的，从他对艺术实践理论的阐发来看，也仅仅是主体对客体的反作用，是美感对美的影响。李泽厚虽然看到了蔡仪典型说的机械性，并用劳动实践的思想解答了美之为美的根源，但是，他在哲学基础上仍然表明自己是坚持反映论的。

"文革"之后，随着对机械反映论反思的深入和《手稿》研究热的兴起，在美学的哲学基础上，人们开始了真正从机械反映论到实践论的全面转移。但由于对《手稿》以及实践概念理解的差异，人们往往又抓住了

---

① 李泽厚：《美学论集》，上海文艺出版社 1980 年版，第 58、59 页。

其不同的侧面。

　　劳动实践是一种主观见之于客观的活动，是一种对象化活动。马克思在《手稿》中提出的"劳动创造了美"、"美的规律"、"自然的人化"等命题，说明作为客观的美的存在不是孤立的，而是与人有着密切关系的。它不但克服了旧唯物主义美学单纯从自然属性寻找美的缺陷，同时，还从劳动实践的角度第一次真正沟通了主客体之间的联系。李泽厚从劳动实践的理论中，找了客观美的事物的社会性存在的根源，而朱光潜则从劳动实践中找到了美感影响美的客观依据。在 20 世纪 80 年代，蒋孔阳、周来祥、曾永成等同时吸收了李泽厚的根源说和朱光潜的关系说，提出以实践关系为根基的审美关系说，不但吸收了他们的理论优势，同时克服了他们的理论缺点，把对劳动实践与美学之间的关系角度的研究推进了一大步。这是我们在上文分析的第一个角度：劳动实践观。

　　从劳动实践的角度探究美、美感产生的根源，本身就包含着历史的维度。这也是马克思劳动实践理论应有的内涵。因此，特别是实践派美学把实践首先理解为是一种生产劳动实践的时候，其理论本身必然包含着历史的视野。比如，李泽厚后期的"积淀"说，刘纲纪的"自由"说，蒋孔阳的"审美关系"说，等等。这是我们在上文分析的第三个角度：唯物历史观。

　　不论从根源的角度探究美，还是从审美关系的角度研究审美活动，都必须给美的本质以回答，美是什么？劳动是自由自觉的活动，劳动的本质是人的本质。因此，劳动作为对象化的过程，也是人的本质力量的对象化过程，在劳动产品中见到自己的本质，获得了劳动的愉悦。劳动产品中包含的人的本质力量成为美之美的根源，而劳动的愉悦则成为美感的根源。因此，劳动的本质包含着美的本质，而劳动是人的本质，因此，美的本质最终是人的本质，美成为人的本质力量的对象化。李泽厚从中发现了美是自由的形式，刘纲纪发现了美是自由的创造，蒋孔阳在审美关系的"突创"中也发现了美是自由的形式，而高尔泰从美是主观出

美学传统的形成与突破

发则发现了美是自由的象征，等等。这是我们在上文分析的第二个角度：人的本质观。

由此看来，三个角度都是与《手稿》的劳动实践理论密切相关的，都不再把美看做孤立的、静止的存在，而把美看做是实践的产物，不论从根源上说，还是从关系的以及历史的角度来看，都是如此。因此，经过20世纪五六十年代的美学大讨论和80年代的"美学热"之后，人们在反思机械反映论的基础上，最终走向了实践论。

第三章 《手稿》与中国当代马克思主义美学的基本问题(上)

在从《手稿》到中国当代马克思主义美学的建构中,首先为人们所接受的无疑是《手稿》中的一些基本范畴和美学命题。由于《手稿》本身的原因和阐释者各自理解倾向的不同,在一些基本范畴和命题的理解上存在着长久的论争。真理愈辩愈明,也是在这种论争中,其内涵得以彰显,并直接影响了中国当代马克思主义美学的基本问题的解答和理论建构。

第一节 "劳动创造了美"与美的根源

马克思在《手稿》中论述劳动问题时,曾两度提到劳动与美的创造问题。一是在论述工人的异化劳动时,他认为:"劳动为富人生产了奇迹般的东西,但是为工人生产了赤贫。劳动创造了宫殿,但是给工人创造贫民窟。劳动创造了美,但是使工人变成了畸形。劳动用机器代替了手工劳动,但是使一部分工人回到野蛮劳动,并使另一部分工人变成了机器。劳动生产了智慧,但是给工人生产了愚钝和痴呆。"①其中,马克思

---

① 《马克思恩格斯全集》第 42 卷,人民出版社 1979 年版,第 93 页。

明确提出"劳动创造了美"。二是在论述人与动物的生产的本质差异时，他认为："动物只是按照它所属的那个种是尺度和需要来建造，而人却懂得按照任何一个种的尺度来进行生产，并且懂得怎样处处都把内在的尺度运用到对象上去；因此，人也按照美的规律来建造。"①其中，马克思把"人也按照美的规律来建造"作为人的生产与动物生产的一个重要区别特征。不论"劳动创造了美"，还是"人也按照美的规律来建造"，都把美的创造与劳动联系起来，这在美学史上还是第一次。因而，自《手稿》公开出版以来，马克思的这一思想启发了无数美学家从劳动的角度对美学问题展开新的思考。但是，马克思在《手稿》的语境中是否在言说美学问题，究竟如何理解马克思的这些观点，马克思的这些论述对马克思主义美学理论体系的建构究竟具有怎样的价值和作用，这在中国当代马克思主义美学中至今仍然是争论不休的话题。

一 关于"劳动创造了美"的学术论争

在中国当代马克思主义美学中，对"劳动创造了美"命题的集中探讨可分为两个时期：一是 20 世纪五六十年代的美学大讨论，在这一时期，美学研究者主要是从马克思的劳动观点出发，吸收理论资源作为论证各自的美学观点的理论依据；二是 80 年代的"美学热"，在这一时期，美学研究大多转向了对《手稿》文本的解读，从《手稿》文本的角度阐发"劳动创造了美"命题的美学价值。

在五六十年代的美学论争中，朱光潜作为唯心主义美学的代表，成为美学批判和改造的对象。但是，朱光潜并没有轻易放弃对美学问题的探求，而是在学习马克思主义的过程中开始从马克思的理论著作中寻找对自己有利的理论根据，并形成了新的美学观点。他依次寻找到了意识形态论、艺术掌握说和艺术劳动说等相关的理论。不过，艺术劳动说一

①　《马克思恩格斯全集》第 42 卷，人民出版社 1979 年版，第 97 页。

直是他在五六十年代论述美学问题时的一个重要论据和观点。早在1957年，他在论述其新观点的文章《论美是客观与主观的统一》中就把艺术劳动说作为其观点的一个重要论据。他认为马克思主义的创始人是经常从生产劳动的观点看文艺的，恩格斯的《自然辩证法》、马克思的《政治经济学批判》和《剩余价值论》以及毛泽东的《讲话》都从生产劳动的角度论述过艺术与劳动关系的，因此，"把文艺看做一种生产劳动，这是马克思主义关于文艺的一个重要原则"。① 至1960年，他在《生产劳动与人对世界的艺术掌握方式》中论述艺术掌握方式时则重点是从《手稿》中的劳动实践观点出发，对其美学观点作出重要论证的。他认为，马克思的艺术掌握方式的思想是马克思美学的中心思想，并且这一思想马克思早在1844年的《手稿》中分析劳动和异化劳动时就已经作了充分的论述。在这种理论的探求和寻找中，朱光潜试图回答的问题只有一个：美不是纯客观的，而是与人相联系的，特别是包含着人的主观的，是主观和客观的统一。因为，艺术是一种生产劳动，意味着艺术中包着劳动的目的，包含人对对象的改造，因此，艺术必然不是纯客观的，是包含人的意图的。但是，朱光潜所谓的劳动是艺术劳动，是一种精神实践，因此，他的这种艺术劳动观遭到了李泽厚等人的激烈批评。

李泽厚的《美学三题议》认为朱光潜混淆了意识能动性实践和的差别，从而混淆了艺术生产与物质生产的差异。实践不仅"是一种有意识有目的的活动，而且还客观地作用于外界，实际地变化着外界，'通过消灭外部世界的规定的(方面、特征、现象)来获得具有外部现实性形式的实在性'，它具有'高于认识'的'直接现实性'"。"人类的实践活动也是一种客观的感性现实活动，它属于物质(客观)第一性的范畴，而不属于意识(主观)第二性的范畴。"② 因此，他认为："朱先生实际上是口讲

---

① 《朱光潜美学文集》第3卷，上海文艺出版社1983年版，第61页。
② 李泽厚：《美学论集》，上海文艺出版社1980年版，第153页。

生产，心指艺术，在两种实践、生产的混淆中用艺术实践吞并了生产实践，精神生产（劳动）吞并了物质生产（劳动）。"①李泽厚认为，美是诞生于人的实践与现实的交互作用或对立统一中的，而不是诞生于人的意识与自然的交互作用或对立统一中的，是依存于人类社会生活、实践的客观存在，却不是依存于人类社会意识的所谓"主客观的统一"。也即是说，美必须是识真的善，而不是一般的主体的意识的善，物质生产实践是客观的，真、善和美也是客观的。当然，他是从劳动实践的角度论述其客观性与社会性统一的观点的。

与李泽厚持有相似观点的还有蒋孔阳。1957 年，他在《简论美》中提出："马克思列宁主义美学，既不是从人的主观心灵来探求美，也不是从物质的自然属性来探求美，而是从人类的生活实践，来探求美。从社会实践观点探求美，我们就可以看出来：美既不是人的心灵或意识，可以随意创造的；但也不是可以离开人类社会的生活，当成一种物质的自然属性而存在。它是人类在自己的物质与精神劳动过程中，逐渐客观形成和发展起来的。"②他认为，只有从社会实践的角度才能摆脱唯心论与机械唯物论美学的缺陷，才能说明美感的产生根源、美的创造过程以及美的社会性质。"他在每一种生产活动中，除了创造使用价值之外，还同时实现了自己的目的，得到了精神上的满足。由于这种精神上的满足所带来的快感，就构成了美感的客观基础。"③

进入新时期之后，在 1980 年代的"美学热"中，关于劳动与美的创造的关系问题得到了新的阐发。在异化和人道主义的大讨论中，《手稿》因其包含深刻的思想日益受到人们的重视。在美学研究中，人们不再只是论据式的引证，而是开始对《手稿》文本展开细致的研究，试图对《手稿》中的美学思想作出正确合理的阐释。这种文本解读表现最为明显的

① 李泽厚：《美学论集》，上海文艺出版社 1980 年版，第 158 页。
② 《中国当代美学论文选》第 1 集，重庆出版社 1984 年版，第 314 页。
③ 同上书，第 316 页。

无疑是朱光潜。在讨论中他深感《手稿》译文的不足,1980年,他重译了《手稿》部分译文,并在自己重译的基础上撰写了《马克思的〈经济学——哲学手稿〉中的美学问题》。在这篇论文中,他对《手稿》中的异化劳动与美的创造、美的规律、艺术的起源等问题进行了深入的探讨,继续阐发了他的艺术实践的美学思想。

新时期伊始,蔡仪也发表了《马克思究竟怎样论美?》、《〈经济学——哲学手稿〉初探》等研究《手稿》文本的文章,对《手稿》中的美学问题进行全面细致的思考,批评了所谓实践派美学的观点,提出了尖锐的文本阐释问题,比如,《手稿》在马克思主义中的地位问题、劳动和"自然的人化"是否属于马克思主义的概念范畴以及异化劳动能否创造美的问题,对新时期的《手稿》美学研究起着非常重要的推动作用。蔡仪在《马克思究竟怎样论美?》的上篇批评了所谓实践观点的美学。他认为苏联实践观点的美学家万斯洛夫等虽然强调"劳动"和"劳动创造"的意义,在马克思的著作中虽有类似的说法之处,但并不是一般人"在劳动中进行着"的什么情况,而是讲在特定的历史条件下、特定的人的活动情况,这个前提就是私有制的扬弃。如此,他们就抹杀了一般劳动与异化劳动之间的差别,这种论调"似乎是对于生产劳动的赞美,而实际上是对于剥削和剥削制度的赞美,是对于劳动者的欺骗,是对于旧秩序的辩护"①。在劳动实践的观点上,蔡仪认为,马克思认为实践对认识具有决定作用,革命的实践对历史的发展具有决定作用,但在万斯洛夫等美学家那里,首先是实践对人的审美能力具有影响,然后人的审美能力又规定美的属性,这显然是美感决定美,是唯心主义的。据此,蔡仪否定了实践观点的美学,因为他认为美是纯客观的,与人的实践是无关的。

蔡仪的文章发表之后,立即引来了许多商榷文章,如刘纲纪的《关于马克思论美——与蔡仪同志商榷》、李耀建的《关于"劳动创造了美"的

① 《蔡仪文集》(4),中国文联出版社2002年版,第109页。

美学传统的形成与突破

问题——与蔡仪同志商榷》、陈望衡的《试论马克思实践观点的美学——兼与蔡仪先生商榷》、朱狄的《马克思〈1844 年经济学—哲学手稿〉对美学的指导意义究竟在哪里？——评蔡仪同志〈马克思究竟怎样论美？〉》等。刘纲纪在《关于马克思论美》中对蔡仪的观点进行了全面的反驳，并且，他明确提出："马克思说过：'劳动创造了美'。这在美学史上，是一个标志着美学的重大变革的命题。"①此前，人们只是运用马克思的劳动观点解释美学问题，并没有明确提出"劳动创造了美"是一个美学命题，刘纲纪这一提法本身引来无数的争议，围绕"劳动创造了美"是否是一个美学命题以及如何理解展开了热烈的讨论。李耀建、陈望衡、朱狄等则对蔡仪的私有制前提下异化劳动能否创造美的问题展开了讨论，他们一致认为，异化劳动同样也是能创造美的，因为异化劳动仍然是人的对象化。

二 论争中的焦点分歧

通过上文的分析可以看出，对劳动与美的关系的阐释，不但反映了美学家各自的理论倾向与取舍，也反映了他们之间在对命题的理解上的分歧。从多年的美学论争来看，争论胶着的问题主要表现为两个方面：一是对劳动概念范畴的理解，二是对"劳动创造了美"的文本阐释。

首先是对劳动范畴的理解。在 20 世纪五六十年代，如上文所述，在朱光潜和李泽厚等人之间，对劳动实践范畴的理解是有差异的。朱光潜把艺术看做是一种生产劳动。他从艺术劳动与生产劳动同构的角度论述了二者的关系，认为，艺术劳动也是主客观统一的。"艺术是一种生产劳动，是精神方面的生产劳动，其实精神生产与物质生产是一致的，而且是相互依存的。"②"马克思把器官扩大到人的肉体和精神两方面的

---

① 刘纲纪：《美学与哲学》，湖南人民出版社 1986 年版，第 45 页。
② 《朱光潜全集》第 5 卷，安徽教育出版社 1989 年版，第 261 页。

全部本质力量和功能。五官之外他还提到思维，意志，情感。器官的功用不仅在认识或知觉，更重要的是'占领或掌管人类的现实世界'的'人类现实生活的活动'。这就必然要包括生产劳动的实践活动，其中包括艺术和审美活动。"①

但是，李泽厚认为，朱光潜这种理解劳动的方式是一种黑格尔式的精神劳动，并不是马克思物质生产劳动的真正内涵。因为，从整个社会来说，艺术实践却与生产实践有着根本的区别，"因为生产实践才真正起着改造客观世界的能动作用，艺术实践却只是通过它所创造的作品能动地作用于人的主观世界（思想、意识）。而这，对整个社会来说，只是解决认识问题，它在本质上只是一种反映，与审美观赏这种意识活动在本质上是共同的，应同属于社会意识范畴。它的最终目的仍在反作用于生产实践，推动这种基本实践的发展，所以，正如实践是认识（意识）的前提，又是认识（意识）的归宿一样，就整个社会来说，生产实践是艺术实践的前提，又是艺术实践的归宿"。②

进入新时期以来，对劳动范畴的理解出现了复杂化的局面。首先对劳动概念范畴进行发难的是客观派美学的代表蔡仪。如前文所述，蔡仪认为，马克思在论述劳动的对象化时是有条件的，是在私有制得到扬弃的时候，人的劳动才能真正地对象化。他还认为，马克思在《手稿》中的劳动概念也是不成熟的，带有费尔巴哈的人本主义痕迹。在《〈经济学—哲学手稿〉初探》中他认为："人类之所以成为人类而不同于其他动物是在于生产的劳动实践。因此，生产的劳动实践，有意识的生活活动，是人类的本质。这从自然科学的观点来说是对的，是可以承认，也应该承认的。但是只从人类作为族类的共同性来规定人的本质，又显然是不够的，是不对的，而这正是费尔巴哈的人本主义思想的一个根源。马克思

① 《朱光潜全集》第 5 卷，安徽教育出版社 1989 年版，第 262—263 页。
② 李泽厚：《美学论集》，上海文艺出版社 1980 年版，第 158—159 页。

美学传统的形成与突破

这个论点，虽然从费尔巴哈跨出了一步，而根本上还是没有超越人本主义的观点。"①蔡仪美学观点的一些支持者对劳动范畴的理解也持同样的观点。比如，涂途的《马克思的"劳动创造了美"刍议》认为，马克思的劳动首先是指经济学的有用劳动，并且《手稿》和《资本论》中的劳动的说法也是不同的，这种不同是国民经济学与马克思主义经济学的不同，在《资本论》中，"马克思主义政治经济学更进一步着重阐发了劳动的也是重要方面的人与人的关系、即劳动的社会关系方面"。② 也就是说，在《手稿》中马克思的劳动观，基本上还是属于旧的国民经济学的范畴。持有相似观点的还有王德和、毛崇杰、严昭柱等。

与之相反，一些实践派美学家对劳动概念的理解则表达了不同的看法。郑涌的《历史唯物主义与马克思的美学思想》认为："《手稿》正是在政治经济学中寻求对市民社会的解剖，把'劳动'、劳动的'异化'和异化的'扬弃'等作为现代的社会的范畴，揭示资本主义社会的各种关系和结构，从资本主义社会本身的内在联系说明资本主义历史，以此作为他建立历史唯物主义的起点。"③陆梅林的《马克思主义美学的崛起——〈1844年经济学—哲学手稿〉读后》认为："马克思在《1844 年经济学—哲学手稿》中即已初步形成物质生产实践观。关于唯物史观和新美学的基本前提的思想，就是从这部《手稿》生发滥觞起来的。马克思的这种唯物史观的思想，在此之前即露端倪，唯在《手稿》中发挥得比较清楚。"④刘纲纪的《关于"劳动创造了美"》认为："马克思的'劳动创造了美'这一命题的重要意义，在于它为我们开辟了一条从实践，首先是物质生产实践——劳动去探求美的本质的道路，指出了美既不是唯心主义者所说的精神、

---

① 《蔡仪文集》(4)，中国文联出版社 2002 年版，第 203 页。

② 《马克思哲学美学思想论集——纪念马克思逝世一百周年》，山东人民出版社 1982 年版，第 127 页。

③ 程代熙：《马克思〈手稿〉中的美学思想讨论集》，陕西人民出版社 1983 年版，第 158 页。

④ 同上书，第 137 页。

观念的产物，也不是机械唯物论者所说的某种亘古以来就存在的、同人类无关的自然属性，而是人类改造世界的实践活动的产物。"①总之，他们都认为，马克思在《手稿》中的劳动范畴已经不是国民经济学的旧概念，而是社会物质生产实践了。陈望衡、王又平、李欣复等也都持赞同的观点。

其次是关于"劳动创造了美"的文本阐释。虽然人们对《手稿》中的劳动与美的关系在五六十年代早有阐述，但是一直没有明确提出"劳动创造了美"是马克思提出的一个美学命题。首先提出"劳动创造了美"是一个美学命题的是 80 年代的刘纲纪。他在《关于马克思论美》中明确提出，马克思提出"劳动创造了美"是一个标志着美学的重大变革的命题。在他的《从劳动到美》的学习札记中重复了这一论点。他认为："马克思第一次说出的'劳动创造了美'这个论断，是科学地考察通观人类历史发展的全程所得出的论断，是只有像马克思这样超出了剥削阶级狭隘眼界的伟大思想家才能作出的论断，是已经和正在不断为历史所证实的论断，是人类全部美学史上令人有石破天惊之感的论断。"②刘纲纪的这一提法，招致了无数的争议，赞成者有之，反对者有之。

"劳动创造了美"究竟是否是一个美学命题，涉及《手稿》文本的语境问题，更涉及对《手稿》文本如何解读的问题。刘纲纪认为："劳动，作为具体劳动（经济学上的），创造出一个产品的使用价值；作为抽象劳动（同样是经济学意义上的）创造出一个产品的交换价值；作为人类支配自然的创造性的自由的活动，创造出一个产品的审美价值。我认为这也正是马克思所说的'劳动创造了美'的真实含义。这里自然是仅就劳动产品的美来说的，除此之外，这句话还有更为广泛深刻的含义。因为劳动是人类最基本的实践活动，是决定其他一切实践活动的东西。在这个意义

---

① 刘纲纪：《美学与哲学》，湖南人民出版社 1986 年版，第 9 页。
② 同上书，第 121 页。

上，整个人类世界的美，归根结底是劳动所创造。"①针对反对派观点的反驳，刘纲纪还对命题的阐释方法作出了解释。首先，"所谓'劳动创造了美'，是从美的产生的最后的终极根源上来说的。从阐明劳动的本质到阐明美的本质之间，还需要有一系列哲学的、历史的、心理学的分析，最后才能得出什么是美的结论。"②也即，"劳动创造了美"不是一个可以简单随意套用的公式，对它的理解是有限度的，有适用范围的。其次，《手稿》"涉及美的论述不是孤立的、偶发的言论，而是同马克思在劳动的基础上对人的本质理解密切相关的，对揭示美的本质有着深刻的指导意义。"③也即对马克思命题的理解，不应局限于片言只语，"忽视了《手稿》的整个逻辑体系，忽视了'劳动'这一概念在《手稿》中所占有的极为重要的位置，以及它所包含的深刻意义。"④

另外，施昌东的《"美"的探索》也认为："美首先是由人类的劳动创造出来的；美及其表现为艺术，都起源于劳动。这是马克思主义美学的一个基本观点。"⑤栾栋的《美学的钥匙》则进一步提出："'劳动创造了美'是马克思主义美学的纲领，是理解马克思主义美学的钥匙。"⑥赞成这一观点的还有周忠厚、张松泉、史家健、屈雅军、彭吉象等。

同时也有一些理论家对"劳动创造了美"能否作为一个美学命题及其阐释范围提出了质疑。王善忠的《怎样理解"劳动创造了美"》认为，既然可以单独把"劳动创造了美"等作为命题、论断或观点的话，那么也可以把"劳动创造了宫殿"等作为命题、论断或观点。"把'劳动创造了美'的'美'理解为'美的产品'或'美的东西'是符合本段落内容的，也是与其他例子相协调的。如若像某些人那样，把'劳动创造了美'单独抽取出来，

---

① 刘纲纪：《美学与哲学》，湖南人民出版社 1986 年版，第 79 页。
② 同上书，第 95 页。
③ 同上书，第 104 页。
④ 同上书，第 104—105 页。
⑤ 施昌东：《"美"的探索》，上海文艺出版社 1980 年版，第 63 页。
⑥ 栾栋：《美学的钥匙》，陕西人民出版社 1983 年版，第 1 页。

而根本不考虑它在原段落中的地位和情况，而做任何解释，是难以准确地、完整地理解马克思主义的理论的。"①何国瑞的《要用马克思主义方法研究〈1844 年经济学哲学手稿〉中的美学思想》认为："马克思在这里说到'劳动创造了美……'的话，基本上就是采用的'国民经济学的语言'，只不过稍做文字异动，去掉了它的绝对化的毛病。他根本没有提出什么美学命题的意思。"②潇牧的《美的本质疑析》认为："'劳动创造了美'一语，仅仅是在劳动能够创造美的含义上提及的，而绝非是从美的根源于劳动的角度来阐发的。他仅仅肯定了异化劳动也可以产生美的产品，绝非是把'劳动创造了美'作为美学基本命题提出。"③潇牧还在文中首次提出两种生产——物质生产与人口生产的差异问题，从人口生产的角度阐发了单纯从物质生产说明美的创造的不足。持相似观点的还有涂途的《马克思"劳动创造了美"刍议》、阎志强的《"劳动创造了美"与"美即劳动产物"说》、丁黎的《怎样理解"劳动创造了美"》等。

三 理论贡献：美的根源

马克思在《手稿》中确实声明他是在采用国民经济学的语言，"我们是从国民经济学的各个前提出发的。我们采用它的语言和它的规律。我们把私有财产，把劳动、资本、土地的互相分离，工资、资本利润、地租的互相分离以及分工、竞争、交换价值概念等等当作前提。"④劳动也是马克思采用的国民经济学概念之一。尽管如此，马克思对劳动概念的理解与国民经济学是不同的。马克思认为："劳动在国民经济学中仅仅以谋生的形式出现。"⑤也即是说，劳动在国民经济学那里，只是工人用

① 王善忠：《怎样理解"劳动创造了美"》，《学术月刊》1983 年第 5 期。
② 《马列文论研究》（第八集），人民大学出版社 1987 年版，第 233 页。
③ 潇牧：《美的本质疑析》，《学术月刊》1982 年第 7 期。
④ 《马克思恩格斯全集》第 42 卷，人民出版社 1979 年版，第 89 页。
⑤ 《马克思恩格斯全集》第 42 卷，人民出版社 1979 年版，第 57 页。

美学传统的形成与突破

来维持自我生存的手段。他们把工人只当做劳动的动物，当做仅仅有最必要的肉体的牲畜，在劳动之外，是国民经济学所不关心的。国民经济学不考察不劳动时的工人，不把工人作为人来考察；他把这种考察交给刑事司法、医生、宗教、统计表、政治和乞丐管理人去做。因此，在国民经济学那里，劳动仅仅是有用劳动，能带来使用价值的劳动，作为财富必要源泉的劳动，而不关心劳动与劳动产品的关系，更不关心劳动与人的关系。但马克思却不同，他恰恰是在工人的劳动中看到了劳动的异化，看到了"劳动创造了美，但是使工人变成畸形"这一悖谬的现实。也是从这一事实出发，马克思迫使国民经济学家承认：劳动给财产提供了一切，而没有给劳动提供任何东西，虽然它应该承认劳动是财产的创造者和拥有者。

约翰·纳普认为："马克思继续坚持了傅立叶提出的并且为许多共产主义者所接受的观点：不把劳动看成灾祸，而是看成人的力量的发挥，人的力量的发挥不仅能够成为和应当达到目的的手段，而且就是目的本身，是人的自由的基本要素，是实现和发挥人的一切天赋才能，满足人的肉体、精神和道德的需要的基本要素。劳动使人成为人，而且成为社会的人、类存在物。"①也即是说，劳动在《手稿》中，不仅仅是满足维持肉体生存的手段的国民经济学概念，还是生产生命的生活，"一个种的全部特性、种的类特性就在于生命活动的性质，而人的类特性恰恰就是自由的自觉的活动"。② 只是由于在私有财产条件下对劳动的奴役，劳动才失却了它的本质，劳动才如此严重地同人相异化，人像逃避鼠疫那样逃避劳动。并且，"马克思第一次揭露了异化的根源。凡是被黑格尔仅仅作为精神的发展来理解的东西、被费尔巴哈仅仅在意识形态领域内加以阐明的东西、被傅立叶及其后继者更多的视为经济关系的表现的

---

① 《〈1844 年经济学哲学手稿〉研究（文集）》，湖南人民出版社 1983 年版，第 64 页。
② 《马克思恩格斯全集》第 42 卷，人民出版社 1979 年版，第 96 页。

东西，马克思都从它的核心即劳动来加以说明"。① 马克思在《手稿》中的劳动概念范畴既不是国民经济学的有用劳动，也不是黑格尔的精神劳动以及费尔巴哈的直观活动，而已经是社会性的物质生产劳动了，因为异化劳动是在一定历史阶段的产物，是历史的、社会性的。因此，马克思在《手稿》中的劳动，虽然还没有明确提出他成熟期的《资本论》中的雇佣劳动，或许还具有欠缺的、不成熟的一面，但是其劳动概念已经不是国民经济学的概念，而是马克思主义的概念了。那种把《手稿》中的劳动理解为仍然是国民经济学概念的看法是片面的，是不符合文本内涵的。

马克思在《手稿》中不但把劳动看做人的本质，而且把劳动与美的创造结合起来。从表面上看来，这是马克思的随意之笔，其实，这绝非是随意的，而是有意的，是经过精心考虑的。根据马克思的知识背景，他对美学问题是有着深度关注的，根据马克思美学理论的写作特点，往往是散见于经济学著作中的，因此，在这里马克思提出美的创造问题，是完全有可能的，绝不是随意之笔。"劳动创造了美，但是使工人变成畸形"，虽然从语境来看，马克思在论述异化劳动，但是，这一论断无疑又是与其整个美学思想相通的。因为劳动不但解答了人的本质的千古之谜，为美学奠定了理论基础，反过来，美学也为劳动学说增添了新的论据，提供了衡量人的本质的一种尺度。因此，马克思的"劳动创造了美"这一命题，是标志时代变革的美学命题，是揭开美学之谜的钥匙。

从中国当代马克思主义美学的发生背景来看，客观论美学是具有权威地位的美学思想。而"劳动创造了美"，作为一个有经有典的命题，却在言说着美还是劳动的创造物，劳动可以创造美。这一事实足以说明，美不再是脱离人而存在的，美是人可以创造的，是包含人的因素的。因此，不论朱光潜还是李泽厚、蒋孔阳、刘纲纪等，虽然他们对劳动实践

① 《〈1844 年经济学哲学手稿〉研究（文集）》，湖南人民出版社 1983 年版，第 66 页。

概念范畴的理解是不同的，但是他们对发现马克思从劳动实践角度探求美的问题的欣喜是同样的。马克思在《手稿》中虽然提出了这一命题，但是并没有对这一命题作出进一步的阐释。这需要我们从马克思主义哲学的基本精神和其他经典著作中对命题进行阐释，而不是仅仅囿于《手稿》的前后几句话来否定命题的价值。

  1867年6月，恩格斯在《卡尔·马克思》一文中指出，历史唯物主义的创立使一个很明显的事实在历史上应有的权威终于被承认了，这就是马克思使"历史破天荒地第一次被置于在它的真正的基础上：一个很明显的而以前完全被人忽略的事实。即人们首先必须吃、喝、住、穿，就是首先必须劳动，然后才能争取统治，从事政治、宗教和哲学等等"①。后来，恩格斯在马克思墓前的讲话中重述了同样的观点："正像达尔文发现有机界的发展规律一样，马克思发现了人类历史的发展规律，即历史为繁芜丛杂的意识形态所掩盖着的一个简单事实：人们首先必须吃、喝、住、穿，然后才能从事政治、科学、艺术、宗教等等；所以，直接的物质的生活资料的生产，从而一个民族或一个时代的一定的经济发展阶段，便构成基础，人们的国家设施、法的观点、艺术以至宗教观念，就是从这个基础上发展起来的，因而，也必须由这个基础来解释，而不是像过去那样做得相反。"②显然，在马克思主义创始人来看，解开人及历史生活本质之谜的是同一种历史现象：生产劳动。作为人类特有的美的创造和审美活动当然也应该到生产劳动中去寻找。马克思主义的创始人正是从生产劳动的角度，第一次科学地阐明了探求了美和审美的发生根源。从历史发展的角度来看，马克思正是从《手稿》中开始这种伟大的探索的。马克思批判地继承了黑格尔的劳动理论，"黑格尔把人的自我产生看作一个过程的，把对象化看作失去对象，看作外化和这

---

① 《马克思恩格斯选集》第3卷，人民出版社1995年版，第335—336页。
② 同上书，第776页。

种外化的扬弃；因而，他抓住了劳动的本质，把对象性的人、现实的因而是真正的人理解为他自己的劳动的结果"。① 但是，黑格尔的劳动是指精神劳动，而不是现实的物质劳动。马克思对之进行唯物主义的改造。劳动首先是一种客观的物质实践活动。他认为全部人的活动迄今都是劳动。因而，"整个所谓世界史不外是人通过人的劳动的诞生过程，是自然界对人说来的生成过程"。② 劳动创造了人和人类社会的历史，无疑是一种闪烁着历史唯物主义光辉的思想观点，也是马克思历史唯物主义发展的起点。

马克思在《手稿》中提出，自由自觉的活动是人与动物的本质区别。后来恩格斯在《劳动在从猿到人转变过程中的作用》中又重复了马克思在《手稿》中的观点，"一句话，动物仅仅利用外部自然界，单纯地以自己的存在来使自然界引起变化；而人则通过他所作出的改变来使自然界为自己的目的服务，来支配自然界。这便是人同其他动物的最终的本质的差别，而造成这一区别的又是劳动"。③ 并且，劳动"是一切人类生活的第一个基本条件，而且达到这样的程度，以致我们在某种意义上不得不说：劳动创造了人本身"④。马克思在《手稿》中提出，人感觉的形成是劳动实践的产物，"五官感觉的形成是以往全部世界历史的产物"。劳动为人的感觉的形成起着重要的作用。同样，人的审美能力的形成，也是在劳动中形成的。劳动为人的审美提供了必要的前提。人与动物生产的区别在于人是按照美的规律来生产的，"人不仅象在意识中那样理智地复现自己，而能动地、现实地复现自己，从而在他所创造的的世界中直观自身。"⑤人不但创造了美的产品，还在对象中反观到了自己，体验了

① 《马克思恩格斯全集》第 42 卷，人民出版社 1979 年版，第 159 页。
② 同上书，第 131 页。
③ 《马克思恩格斯选集》第 4 卷，人民出版社 1995 年版，第 383 页。
④ 同上书，第 373—374 页。
⑤ 《马克思恩格斯全集》第 42 卷，人民出版社 1979 年版，第 97 页。

美学传统的形成与突破

劳动的喜悦，劳动提供了美的产品，也是美感产生的根源。同时，劳动不但创造了美，还使工人变成了畸形，这说明了异化劳动同样能够创造美，但是，使劳动者失去了美感，失去了审美能力，造成了异化，人的解放、感觉的解放恰恰又构成了美的历史内容。

　　总之，从劳动的观点考察美学问题以及"劳动创造了美"这一命题是否成立，是否符合马克思的本意，以及它存在的问题与缺陷，至今在中国当代马克思主义美学研究中仍存在着争论，但是，把劳动和美联系起来，无疑给美学问题的解答提供了一种新的可能，启发人们展开新的思考。并且，在中国当代马克思主义美学的发展中，经过激烈争论和众多美学理论家的阐述，《手稿》的劳动理论虽然没有给美学问题带来满意的答案，但作为美的根源理论却得到了多数美学家的赞同，为美的根源问题的解答奠定了扎实的理论基础。

第二节　"自然的人化"与美的本质问题

　　"自然的人化"，是马克思在《手稿》中论述人的感觉的形成过程时提出来的，"人的感觉、感觉的人性，都只是由于它的对象的存在，由于人化的自然界，才产生出来"。① 在实践过程中，作为对象的自然被人化了，同时人的感觉也在人化的自然中形成了。同时，"自然的人化"和《手稿》中另一个相关命题"人的本质力量的对象化"是指一个过程的两个方面，前者指客体"自然"的方面，后者指主体"人"的方面，二者在基本内涵上是相通的。马克思认为："工业的历史和工业的已经产生的对象性的存在，是一本打开了的关于人的本质力量的书，是感性地摆在我们

---

① 《马克思恩格斯全集》第42卷，人民出版社1979年版，第126页。

面前的人的心理学。"①在马克思看来，劳动实践的过程，不但是创造对象世界的过程，还是确证人的类的本质的过程。"通过实践创造对象世界，即改造无机界，证明了人是有意识的类存在物，也就是这样一种存在物，它把类看做自己的本质，或者说把自身看做类存在物"。② 虽然马克思在论述"自然的人化"时，并没有直接论及美的问题，但是，"自然的人化"理论却引发了人们对美学问题的思考。在中国当代马克思主义美学的发展中，"自然的人化"和"人的本质力量的对象化"在 80 年代的"美学热"中一度成为美的本质的定义，但是，就如何理解"自然的人化"以及它是否能回答美的本质而言，至今仍存在着争论。

一 关于"自然的人化"的学术论争

在中国当代马克思主义美学中，关于"自然的人化"理论的阐释可分为两个时期：一是五六十年代的美学大讨论，在这一时期，"自然的人化"是作为一种理论论据或者经典话语被各派理论家用来对美学问题解答；二是 80 年代的"美学热"，在这一时期，随着对《手稿》的认识和研究的加深，人们更多地对"自然的人化"在《手稿》中的文本内涵作出阐释，并在此基础上形成各种不同的理解。

在 20 世纪五六十年代的美学大讨论中，李泽厚首先引用《手稿》中的"自然的人化"理论解答了美感的矛盾二重性问题。他的《论美感、美和艺术》从基本的审美经验出发，认为美感普遍具有矛盾二重性——美感的个人心理的主观直觉性质和社会生活的客观功利性质。他认为，美感本身不能回答这一问题。美感的客观功利性只有在美的社会性中求得解答，因为前者是后者的反映。在辩证唯物主义看来，美是客观的，但它不是一种自然属性或自然现象、自然规律，而是一种人类社会生活的

美学传统的形成与突破

---

① 《马克思恩格斯全集》第 42 卷，人民出版社 1979 年版，第 127 页。

② 同上书，第 96 页。

属性、现象、规律。它客观地存在于人类社会生活之中，它是人类社会生活的产物。也即是说，"自然对象只有成为'人化的自然'，只有在自然对象上'客观地展开了人的本质的丰富性'的时候，它才成为美"。①在《美的客观性和社会性》中他把"自然的人化"理论用来解释自然美中的社会性。"自然在人类社会中是作为人的对象而存在着的。自然这时存在一种具体社会关系之中，它与人类生活已休戚攸关地存在着一种具体的客观的社会关系。所以这时它本身就已大大不同于人类社会产生前的自然，而已具有了一种社会性质。它本身已包含了人的本质的'异化'（对象化），它已是一种'人化的自然'了。"②如此，"人化的自然"一方面使自然具有了社会性，但这个社会性不是主观的，而具有客观性，从而实现了客观性与社会性的统一。在《美学三题议》中他进一步提出主体的"自然的人化"问题。"实践在人化客观自然界的同时，也就人化了主体的自然——五官感觉，使它不再只是满足单纯生理欲望的器官，而成为进行社会实践的工具。正因为主体的自然人化与客观的自然的人化同是人类几十万年实践的历史成果，是同一事情的两个方面，所以，客观自然的形式美与实践主体的知觉或形式的互相适合、一致、协调，就必然地引起人们的审美愉悦。"③蒋孔阳也持相类似的观点。他的《简论美》认为："这种自然界只有是'人化'的，它'实践地形成人类生活和人类活动底一部分'，从而'客观地揭开了人的本质的丰富性'，变成了现实。由于它是人的现实，人在当中揭示了自己丰富的本质，所以我们人也才能够发现和欣赏它的美。"④

朱光潜的《论美是客观与主观的统一》则提出了不同的理解。他认为，马克思在《手稿》中谈到的"人的对象化"和"人化的自然"要说明的是

① 李泽厚：《美学论集》，上海文艺出版社 1980 年版，第 25 页。
② 同上书，第 61 页。
③ 同上书，第 175 页。
④ 《中国当代美学论文选》第 1 集，重庆出版社 1984 年版，第 314 页。

客观与主观两对立面统一的辩证过程，而不是如李泽厚所言是在证明自然性同时也是社会存在的社会性。"就一面说，主体客体化了，人'对象化'了，人借对象显出他的本质力量；就另一面说，客体主体化了，自然'人化'了，对象对于人之所以具有'更多的东西'，是由于人显出了他的'本质力量'，使它具有社会的意义。"①

主观论者吕荧、高尔泰也吸收了"自然的人化"的思想来论证其美学观点。吕荧在《美是什么》中认为，人整个地改造了原始的自然的面貌，"这个人化的自然是人的劳动和历史社会的产物。一般的说来，人在征服了控制了自然，据有主人地位之后，才开始欣赏自然的美，并且在社会生活中发展了这种美"。② 高尔泰在《论美》中明确提出："美底本质，就是自然之人化。"③虽然吕荧与李泽厚的美学观点上是不同的，但在把"自然的人化"理解为人的劳动实践的产物这一点上，却是相同的。当然，吕荧和高尔泰运用"自然的人化"是在说明他的主观观点的。

进入新时期之后，人们在研究《手稿》文本的过程中，"自然的人化"理论继续得到深入阐述。在李泽厚那里，"自然的人化"在其主体性实践理论的美学体系中，更突出地阐述了主体审美能力的"自然的人化"的过程。他的《美感谈》认为："人化的自然有两个方面，一个方面是外在自然，即山河大地的'人化'，是指人类通过劳动直接或间接地改造自然的整个历史成果，主要指自然与人在客观关系上发生了改变。另一方面是内在自然的人化，是指人本身的情感、需要、感知以至器官的人化，这也是人性的塑造。"④另外，实践派美学中的其他理论家则从不同的角度发展了"自然的人化"理论。刘纲纪把它和劳动结合起来，认为："'自然的人化'或'自然界生成为人'，关键是在物质生产劳动。劳动是人作为

①　朱光潜：《朱光潜美学文集》第 3 卷，上海文艺出版社 1983 年版，第 50 页。
②　吕荧：《吕荧文艺与美学论集》，上海文艺出版社 1984 年版，第 403 页。
③　高尔泰：《美是自由的象征》，人民文学出版社 1986 年版，第 326 页。
④　李泽厚：《李泽厚哲学美学文选》，湖南人民出版社 1985 年版，第 384 页。

自然存在物与动物这种自然存在物的本质区别所在。它是'自然界生成为人'的历史过程中一个意义极其重大的飞跃，同时又是'自然的人化'的基础、源泉和动力。"①蒋孔阳则从美的创造的角度突出了阐发了主体创造的"本质力量"。"客观现实生活中的美，不仅因人因时而异，而且各人都在根据自己的本质力量，创造和欣赏自己的本质力量所能达到的美。就在这个意义上，马克思说：美是'人的本质力量的对象化'。"②

　　与此同时，对"自然的人化"理论的理解也出现了不同的声音。蔡仪的《马克思究竟怎样论美？》认为作为实践观点的美学的立论基点之一的"自然的人化"并非来自于马克思，也不是马克思主义的。因为苏联实践观点的美学家万斯洛夫等虽然反复引用"自然界的人化"和"人的对象化"等引文，但是一直没有注明出处，并且在《手稿》中也找不到明确的出处。即使在《手稿》中找到了与他们引文相似的语言，但二者除了在语序结构上不一样以外，在前提上和立论精神上也是根本不同的。在《手稿》中它的前提是，"'私有制的扬弃是一切人的感觉和属性的完全的解放'，而引文的前提却是一般人的生产劳动"。③ 前提条件的不同，决定了它们的内涵也应是根本不同的。就劳动者和劳动的关系而言，"由于私有制，劳动者和劳动产品是疏远化了的，是矛盾的，和劳动对象的自然是敌对的；而且劳动者和劳动活动也是对抗的"。④ 也即是说，劳动者和劳动之间是异化的关系，而不是对象化关系。但是，苏联实践观点的美学抹杀了两个不同时代、两种不同性质的劳动以及马克思对它们的两种不同的态度，因此，他们对其内涵的阐释也是与马克思截然相反的。在《〈经济学—哲学手稿〉初探》中，蔡仪进一步认为，"自然的人化"除了是包含费尔巴哈的人本主义思想之外，它还根本与美和美感问题毫无关

---

　　① 刘纲纪：《美学与哲学》，湖南人民出版社 1986 年版，第 125 页。

　　② 蒋孔阳：《美在创造中》，广西师范大学出版社 1997 年版，第 13 页。

　　③ 《蔡仪文集》（4），中国文联出版社 2002 年版，第 108 页。

　　④ 同上书，第 110 页。

系，实践观点的美学用它来说明美学问题，完全是捕风捉影之谈。

蔡仪的观点引起了无数的争议，也引起了人们对《手稿》文本和思想的研究兴趣。朱狄的《马克思〈1844年经济学哲学手稿〉对美学的指导意义究竟在哪里?》对蔡仪的质疑给予针锋相对的回答。他认为，首先，所谓找不到明确出处，这完全是文字翻译的差异问题；其次，"自然的人化"虽然没有直接涉及美学问题，但未必与美学问题无关，单纯从字面角度，特别是从马克思有"美"字的文字出发，那么建立马克思主义美学体系将会变为一句空话。第三，他认为，"对象化是处在异化概念笼罩之外的一个超历史概念，它并不随异化的扬弃而扬弃，相反，只要有人类社会，人和自然的关系就是一种对象化了的关系"，"而异化则是在一定的历史条件下产生，并将在一定的历史条件下消失"。① 蔡仪提出的所谓的实践观点的美学与《手稿》的理论前提不一致的论述，是没有必要的，因为"自然的人化"，作为一种人与自然的对象化关系，是一种超历史存在的关系，并非只有在私有制扬弃之后才存在的。因此，在私有制条件下，同样存在着"自然的人化"，也同样创造着美。陈望衡的《试论马克思实践观点的美学》、虞频频的《马克思的"异化"理论与"人化的自然"》则主要针对蔡仪的异化与对象化的关系展开争论，他们一致认为，在异化条件下，同样存在着对象化，即使异化劳动同样能够创造美。

二 论争中的焦点分歧

中国当代马克思主义美学中关于"自然人化"问题的论争分歧是围绕两个问题展开的：一是"自然的人化"的理论本身的理解和性质问题，二是"自然的人化"能否解决美学问题，特别是美的本质问题。

首先是对"自然的人化"的理解。在20世纪五六十年代的美学大讨

---

① 程代熙：《马克思〈手稿〉中的美学思想讨论集》，陕西人民出版社1983年版，第116页。

论中关于"自然的人化"存在三种不同的理解。李泽厚认为"自然的人化"是一种客观的物质实践活动。他认为："'人化的自然'本见于马克思的早期著作，但马克思并不是谈艺术或审美活动问题时提出这个概念，而是在谈人类劳动、社会生产等经济学和哲学问题时用这个概念的。所以，马克思用它('人化')并不是像现在我们许多同志所理解那样是指审美活动，指赋予自然以人的主观意识(思想情感)，而是指人类的基本的客观实践活动，指通过改造自然赋予自然以社会的(人的)性质、意义。"①而朱光潜则从艺术实践观出发，认为"自然的人化"是包括审美活动在内的体现人的主观本质力量和理想等的主客观的统一实践过程。他认为："人'人化'了自然，自然也'对象化'了人。这个辩证原则是适用于人类一切实践(包括生产劳动和艺术)的。"②高尔泰则完全从主观的角度来理解，认为"自然的人化"是一种主观感觉的意识化。他认为："月亮之所以能'客观地揭开人的本质底的丰富性'，是因为它被人化了。这里，人是第一性的，而'被人化了'的月亮(不是物质月球本身)是第二性的，不是很明显的事吗？"③

新时期，对"自然的人化"的理解变得更为复杂。一方面，前三种理解得到继续发展，另一方面，随着对《手稿》认识的加深，人们开始对"自然的人化"能否作为一种马克思主义理论的合法性提出质疑。蔡仪的《论人本主义、人道主义和"自然人化"说》认为，"自然的人化"是人本主义的，根本不是马克思主义的理论。"不仅单纯地由自然的规定人和人的本质，也强调由人和人的本质规定自然，因此一方面主张'人的本质对象化'，同时另一方面又提出'自然的人化'。这样的自然和人互化的理论，就完全表明《手稿》中的人本主义原则的思想实质，已'化'成地地道道的主观唯心主义了。要之，我们认为《手稿》中所谓'自然的人化'和

① 李泽厚：《美学论集》，上海文艺出版社 1980 年版，第 171—172 页。
② 朱光潜：《朱光潜美学文集》第 3 卷，上海文艺出版社 1983 年版，第 367 页。
③ 高尔泰：《美是自由的象征》，人民文学出版社 1986 年版，第 339 页。

'人的本质对象化'的语句，根本不是表现马克思主义思想的。"①汤龙发的《马克思与费尔巴哈》也认为，马克思自然的人化是带有费尔巴哈的人本主义成分的。《手稿》论述人与物、人与自然的关系，依然还是费尔巴哈主义的，自然、物，都被当做属于人的。自然物既然属于人，人就可以用人的本质把自然对象化，人可以化自然，自然便成为人的本质的对象，成为实现人的个性的确证。"用唯物主义的观点来看，自然，客观事物是独立于人身外的客观存在，它们不可能为人而存在，不可能成为人的个性的确证。"②

还有的理论家认为应对"自然的人化"作出具体分析，有选择地接受。何国瑞的《要用马克思主义方法研究〈1844年经济学哲学手稿〉中的美学问题》认为，首先，人的本质力量对象化包含两种含义，一是劳动的对象化、物化，二是包括眼睛、耳朵等五官感觉的对象也是人的本质力量的对象化。"其中第一种'劳动的对象化'，讲的是主体通过物质实践改造客观世界，在对象上体现主体的目的。这是辩证唯物主义的，是可以通过感性经验加以证明的。第二种'全面本质的对象化'，则要加以分析了。""有的则是唯心主义的，如人凭视觉、听觉、嗅觉等难道也能'把自己的生命贯注到对象上去'，从而引起自然物质改变吗？这种'感觉的对象化'来源于费尔巴哈。"③毛崇杰的《怎样看待马克思主义的实践观点》也认为，马克思此时还受着费尔巴哈的人本主义的影响，但是他也还没有找到社会关系对人的规定。这使得马克思从人本学上去找人的本质力量去肯定对象世界的客观实在性。因此，马克思对"自然的人化"的理解，应是"人的实践正是在认识和肯定自然界本原的存在前提下改造自然"，而不是实践一元论者的"以一元化的'人化的自然'取消了'人

① 《蔡仪文集》(4)，中国文联出版社2002年版，第303页。

② 汤龙发：《异化和哲学美学问题——巴黎〈手稿〉新探》，湖南人民出版社1988年版，第39页。

③ 《马列文论研究》(第八集)，中国人民大学出版社1987年版，第236—237页。

美学传统的形成与突破

之外'的客观自然，也就是以实践代替了自然的物质世界"。①

实践派美学的一些理论家则对"自然的人化"作为一种马克思主义理论的合法性进行了深入的论证。周长鼎的《正确看待马克思的"自然的人化"理论》认为："《手稿》中的'自然的人化'或'人化的自然'就是马克思对现实自然界的基本特征所作的哲学概括。围绕'自然人化'所展开的思想表明，这是对现实自然界的空前深刻的理解，是马克思主义的'历史自然观'开始形成的基本标志，也是马克思开始走上辩证唯物主义与历史唯物主义道路的重要标志。"②他不但在马克思《手稿》中找到许多论述"自然人化"的相似论述，同时还根据马克思成熟期的经典著作进行了强有力的论证，认为马克思在后期不但没有放弃这一思想，还深入论证这一思想的正确性，比如《德意志意识形态》、《自然辩证法》和《资本论》中都有相关的论述。邢新力的《马克思〈手稿〉中关于'人化自然'的思想》也认为："《手稿》批判地继承了黑格尔关于'人化环境'和费尔巴哈关于人的本质对象化的思想，虽然在具体的论述基础上，还有费尔巴哈人本主义影响的痕迹，但《手稿》关于'人化自然'的思想基本上是马克思主义的观点。"③也即是说，马克思已经把"自然的人化"理论放置在了物质实践的基础之上，在内涵和外延上都与人本主义的理解是完全不同的。持相似观点的还有王南、马国雄、志民等。

其次是对"自然的人化"与美的关系的考察。20 世纪五六十年代，李泽厚、朱光潜等都用"自然的人化"来论证自己的美学观点，当时的"自然的人化"是作为理论论据出现的。进入新时期之后，人们在深入研究《手稿》的基础上，一方面，"自然的人化"在一些美学家那里成为马克思主义美学的哲学基础和理论基石。刘纲纪认为："马克思提出的'自然

---

① 《马克思哲学美学思想论集——纪念马克思逝世一百周年》，山东人民出版社1982 年版，第 271、279 页。

② 《马列文论研究》(第八集)，中国人民大学出版社 1987 年版，第 139 页。

③ 邢新力：《马克思〈手稿〉中关于"人化自然"的思想》，《江汉论坛》1985 年第 1 期。

界的人化'和'人的对象化',我认为是马克思论美的基础。"①张松泉认为:"马克思对现代美学的伟大贡献,就在于他创造性地把唯物史观引进美学,并把美的探索放到人的本质历史发展的宏观背景上加以考察,力求人与自然、人与社会、人的本质对象化的广泛联系中揭开美的存在的客观规定性,从中引出'美的本质与人的本质力量对象化相联系'的思想。这是马克思主义美学思想的理论基石。"②更有的美学理论家在"自然的人化"的基础上提出了对美的本质的不同定义,如李泽厚提出"美是自由的形式"③,李欣复提出"美的本质乃是在实践基础上的主客体统一"④,楼昔勇提出"美是人的本质力量的感性显现"⑤等。

同时,一些理论家对"自然的人化"理论与美学之间的关系提出了不同意见。除了在前面论述到认为"自然的人化"是人本主义的,在前提上进行否定以外,即使在同样肯定"自然的人化"是马克思主义的前提下,仍然认为对其与美之间的关系应作出具体的分析。杨安崙、黄治正的《评美学的一种指导思想——关于马克思"人化自然"的理论与美学的关系》认为,马克思在《手稿》中提出的"自然的人化"理论深刻地表现了主体和客体的辩证关系是建立在社会实践基础之上的,其中的"人"不是生物学意义上的人,而是社会化的人,人的审美本质力量是在"人化的自然"过程中形成的,人在改造自然的过程中是按照美的规律及一定自然形式进行创造的,因而"自然的人化"理论是美学研究的一种指导思想,但不是唯一指导思想。因为《手稿》是历史唯物主义创立初期的重要著作,并非成熟的马克思主义著作。马克思主义美学的整个指导思想是辩

① 刘纲纪:《美学与哲学》,湖南人民出版社1986年版,第42页。

② 张松泉:《宏观美学的光辉起点》,《齐齐哈尔师范学院学报》1986年第1期。

③ 李泽厚:《美学三书》,安徽文艺出版社1999年版,第482页。

④ 李欣复:《美在于实践基础上的主客体统一——兼与张铨锡同志商榷》,《求是学刊》1982年第3期。

⑤ 楼昔勇:《美是人的本质力量的感性显现》,《河北大学学报》1984年第3期。

证唯物主义和历史唯物主义。① 向翔的《论人的本质力量的对象化和美》认为："人的本质力量的对象化所涉及的是整个人与外部世界的关系，它首先是一个社会历史范畴，而不单纯是专门的美学范畴。人的本质力量对象化的现实，并不都是我们所说的美，有时甚至不涉及审美。要揭示人的本质力量对象化和美的关系，还须作具体的深入探求。"② 刘一沾的《探索美的奥秘的一把钥匙》也认为："人的本质力量的对象化，并不是纯客观的，它包括两个方面：一方面是指人的精神、理想、品格、情操，在人类实践活动中创造出来的产品的具体体现，另一方面是指与人发生一定联系，并为人类所认识产生各种联系的客观自然界。无论人创造产品也好，或人化的自然界也好，都是与人发生一定联系或打上人的烙印的客观存在。因此，在一定意义上来说，人类所创造的一切，均可以说是人的本质力量对象化。"③ 也即是说，人的本质力量对象化的东西不一定都是美的，然而，美必定是人的本质力量对象化。持有相似观点的还有冯宪光、王世德、张芝、屈雅军等。

三　理论贡献：美的本质问题

"自然的人化"理论是马克思《手稿》中的思想，这已是无可否认的事实。在《手稿》中，不但有"人化的自然界"，在其前后文中还有诸如"人的现实的自然界"、"人类学的自然界"、"在人类社会的生产过程中形成的自然界"等与之相似的表述，并且还有"人的本质的对象化"、"人的本质力量的现实性"、"人的对象化的本质力量"等相似的思想。④ 同上一

---

① 杨安崙、黄治正：《评美学的一种指导思想——关于马克思"人化自然"的理论与美学的关系》，《求索》1982 年第 1 期。

② 向翔：《论人的本质力量的对象化和美》，《求索》1985 年第 1 期。

③ 《马列文论研究》（第八集），中国人民大学出版社 1987 年版，第 379 页。

④ 《马克思恩格斯全集》第 42 卷，人民出版社 1979 年版，第 126、128、128、128、126、127 页。

节谈到的劳动范畴一样，马克思和国民经济学不同，他不但探讨劳动，还探讨劳动与劳动对象、劳动与劳动产品的关系，这必然涉及一个更为深刻的哲学问题——人与自然的关系。因为，马克思认为："没有自然界，没有感性的外部世界，工人就什么也不能创造。"①"自然的人化"，虽然从思想和哲学用语来看，来源于德国古典哲学的对象化思想，但是，马克思不但赋予了它以新的内涵，并且在哲学的根基上已经对德国古典哲学作出了超越。因为马克思是在劳动实践的基础上展开讨论的，已把"自然的人化"理论置于坚实的物质生产实践的基础之上。这里的人已不是抽象的人，而是社会的人，这里的自然也不是孤立的、自在的自然，而是自为的自然。在人与自然之间，劳动实践起着必然的中介作用，因此，马克思的"自然的人化"理论已是历史唯物主义形成的起点。

马克思后期的思想发展不但没有放弃这一思想，反而不断地深化着这一思想。例如，马克思和恩格斯合著的《德意志意识形态》认为："他（费尔巴哈，笔者注）没有看到，他周围的感性世界决不是某种开天辟地以来就直接存在的、始终如一的东西，而是工业和社会状况的产物，是历史的产物，是世世代代活动的结果。"②在《资本论》中马克思认为："当他通过这种运动作用于他身外的自然并改变自然时，也就同时改变他自身的自然。他使自身的自然中沉睡的潜力发挥出来，并且使这种力的活动受他自己控制。"③

自从人类诞生以来，作为人类对象的自然界，已不同于原生的自然界。人和动物一样，是自然界的一部分。但是，人与动物又是不同的，人是社会的存在。在人与自然的关系中，人不但利用自然维持自己的肉体存在，还不断地改造自然，为自己创造新的有利的生存条件。在这种劳动实践中，原生的自然不断生成为人化的自然或现实的自然，这也是

---

① 《马克思恩格斯全集》第 42 卷，人民出版社 1979 年版，第 92 页。

② 《马克思恩格斯选集》第 1 卷，人民出版社 1995 年版，第 76 页。

③ 《马克思恩格斯全集》第 23 卷，人民出版社 1972 年版，第 202 页。

《手稿》中所讲的"人化的自然"。"自然的人化"既包括外在自然的人化，也包括内在自然的人化。人首先是一种生物的存在，是一种自然的存在。在实践的历史发展中，人的各种能力不断得到发展，成为人所固有的本质力量。"自然的人化"不但是一个实践的过程，还是一个美的创造和欣赏过程。"人不仅像在意识中那样理智地复现自己，而且能动地、现实地复现自己，从而在他所创造的世界中直观自身。"[①]在自然的劳动对象中，见出人的本质力量，直观自己的本质力量，这同时也是一种审美的过程。

在中国当代马克思主义美学的发展中，由于特定的发生语境，其理论旨趣是建立马克思主义美学理论体系。因此，美的本质的问题作为美学理论的元问题成为其首当其冲的问题。但由于对唯物与唯心的机械区分，使对美的本质的探讨陷入了美究竟在客观还是在主观的胶着状态。虽然，朱光潜早就提出了美是主观与客观的统一说，但是其由于缺乏坚实的新的理论指导，在主客的统一中最终统一于主观，陷入主观论。李泽厚运用《手稿》中的"自然的人化"理论不但辩证地解答了美感的矛盾二重性，并在一定程度上突破了美的本质探讨的主客二分的简单对立，提出美是社会性与客观性的统一。在美学讨论中，成为新的客观论美学派别。"自然的人化"理论以其独特的理论阐释力吸引着中国当代马克思主义美学研究者的目光。新时期之后，随着思想解放浪潮的推动，人的解放的问题日益突出，"自然的人化"作为突出人的主体和创造能力的美学理论迅速为人们所接受，一度成为中国当代马克思主义美学的指导思想，并且一些理论家在阐释"自然的人化"的基础上提出了自己关于美的本质的定义。

关于美的本质问题，人类在探究美的历程中已经作过漫长而艰苦的探索过程。但是，由于他们对人与自然的关系缺乏辩证的理解和新的世

[①] 《马克思恩格斯全集》第 42 卷，人民出版社 1979 年版，第 97 页。

界观。在美的本质问题上，不是陷于主观的唯心论，就是囿于客观的机械直观论。在西方，从柏拉图到黑格尔为代表的唯心主义在探讨美的本质问题时，把美的本质归结为先验的理性或上帝的光辉；从亚里士多德到车尔尼雪夫斯基为代表的唯物主义在探讨美的本质问题时，把美的本质简单地归结为物体形式和生活本质的样式，虽坚持唯物路线，却未能深究其与人的审美关系的历史起源，因而只停留在直观的观察上。德国古典美学虽然力图调和心与物、理性与感性的矛盾，把美归结为两者的结合、观念的感性显现，但仍没有跳出先验论的窠臼。马克思则不同，由于他把哲学的根基建立在坚实的物质生产劳动的基础之上，人与自然不再是各自孤立的，而是处于辩证的关系之中。马克思认为："如果把工业看成是人的本质力量的公开展示，那么自然界的人的本质，或者人的自然的本质，也就可以理解了；因此，自然科学将失去它的抽象的物质的或者不如说是唯心主义的方向，并且将成为人的科学的基础。"①在人的劳动实践中，自然不再是原生的自然，而是反映人的本质的自然，在人的劳动成果中见出的是人的本质力量。那么，自然界的美不再是简单的物的形式，而是与人的本质力量相关的客体。从客体而言，"对象如何对他来说成为他的对象，这取决于对象的性质以及与之相适应的本质力量的性质"。② 从主体而言，"只有音乐才能激起人的音乐感；对于没有音乐感的耳朵说来，最美的音乐也毫无意义，不是对象，因为我的对象只能是我的一种本质力量的确证"。③

　　"自然的人化"，简单说来，是指人与自然的关系。而人与自然的关系，首先是一种实践关系，其次是认识关系和审美关系，实践关系是认识关系和审美关系的基础。在中国当代马克思主义美学研究中，问题之所以复杂化，是与"自然的人化"相关的另一个命题"人的本质力量的对

---

① 《马克思恩格斯全集》第 42 卷，人民出版社 1979 年版，第 128 页。

② 同上书，第 125 页。

③ 同上书，第 125—126 页。

象化"相关的。人们在阐发"自然的人化"理论的时候，往往与"人的本质力量的对象化"相并列、相通用，特别是在界定美的本质的时候，这也在一定程度上忽视了二者的细微差别。何谓"人的本质力量"？不同的理论阐述者有不同的理解。正如我们在上文引述的一些理论家何国瑞、刘一沾等谈到的，马克思在《手稿》中的谈到的人的本质力量，特别是全面的本质力量的时候，是包括人的一切感觉在内的，其中包括视觉、听觉、情感等。这样，人们在阐述"自然的人化"或"人的本质力量对象化"时，则会出现这不但是一个实践过程，也是一个审美过程，比如，朱光潜的艺术实践、高尔泰的感官的自然化等。如此，也为蔡仪等美学家把"自然的人化"理解为唯心主义提供了把柄。

因此，从"自然的人化"到美之间的阐释需要认真分析。对"自然的人化"的理解首先必须建立在物质实践的基础之上，只有这样才是历史唯物主义的，才是马克思主义的。在物质实践中，也即是在劳动中，客体的美被创造出来了，更重要的是主体的审美能力形成了，作为审美根源的一切条件都具备了。在这种情况下，"自然的人化"就可以进入审美过程的理论阐述了。审美与实践是既有联系又不完全相同的两个过程，审美过程是一种意识的欣赏过程。因此，此时的"自然的人化"虽然在形式上等同于实践，但是，它不是客观现实的，是在人的意识中完成的，此时的"本质力量"完全可以是人的感觉，因为此时是在审美。在中国当代马克思主义美学中之所以存在的无休止的争论恰恰是混淆了人的本质力量形成的根源与审美活动之间的差异，把二者混为一体，造成了不必要的论争。"自然的人化"又不仅仅是生产实践，同时还包含艺术实践。生产实践只是为美提供了根源，审美才是美学所要研究的人与自然的关系。在中国当代马克思主义美学研究中，有的只是抓住了实践，抓住了美的根源，而忘记了审美，有的抓住了审美而忘了实践，有的混淆了二者的关系。

虽然"自然的人化"能否成为美学的指导思想以及能否解决美学问

题，至今仍存在着争议。但是，"自然的人化"在中国当代马克思主义美学中，一方面像劳动实践一样为美的根源、人的审美能力、客体的创造提供了理论根基；另一方面，从人与自然的关系的角度探讨美的本质问题，为克服主客二分的对立思维模式起到了推动作用，为美的本质问题的探讨提供了一种新的研究思路。

第三节　"美的规律"与美的创造规律

马克思在《手稿》中论述人的生产与动物的生产的本质区别时提出，"动物只是按照它所属的那个种的尺度和需要来建造，而人却懂得按照任何一个种的尺度来进行生产，并且懂得怎样处处都把内在的尺度运用到对象上去；因此，人也按照美的规律来建造"。[①] 在这里，马克思不但把美与人的劳动创造联系起来，而且还提出了"美的规律"这一范畴。相对于《手稿》中的其他的美学范畴和美学命题而言，这一范畴与美学的关系无论从字面还是从内涵来看都更为直接。因此，无论在西方、前苏联还是在中国的马克思主义美学研究中都得到了应有的重视。其实，马克思在 1842 年的《第六次莱茵省议会的辩论（第一篇论文）》中曾提到过"美的规律"范畴，"如果我向一个裁缝定做的是巴黎式的燕尾服，而他却给我送来一件罗马式的长袍，因为他认为这更符合美的永恒规律，那该怎么办呵。"[②]但从马克思两次提及"美的规律"的语境来看，他都没有对其内涵给出明确的解释。因此，对其内涵的阐释引起了美学研究者的诸多猜测与争论。在中国当代马克思主义美学发展中，半个多世纪的"美的规律"的研究史，也可以说是关于"美的规律"内涵的论争史。

[①]　《马克思恩格斯全集》第 42 卷，人民出版社 1979 年版，第 97 页。

[②]　《马克思恩格斯全集》第 1 卷，人民出版社 1956 年版，第 87 页。

一 关于"美的规律"的学术论争

围绕"美的规律"内涵的理解,我国自 20 世纪 50 年代开始研究《手稿》中的美学思想以来,已有三次大的论争。一是五六十年代的美学大讨论时期,在这一时期是作为各派美学观点的重要论据出现的。二是七八十年代的"美学热",在这一时期是与对《手稿》文本的阐释密切相关的。三是 90 年代中期,在这一时期仍然是侧重对《手稿》文本的阐释,但同时也反映了美学研究的转型。

在 20 世纪五六十年代的美学大讨论中对"美的规律"内涵作出重要阐释的主要有两位代表人物:朱光潜和李泽厚。由于他们各自美学观的不同和对实践范畴理解的差异,在对"美的规律"内涵的阐释上也表现出了不同。朱光潜在《生产劳动与人对世界的掌握》中首先把"Maß"①译为"标准"。他认为,"种族的标准"在于是否符合种族的需要,动物各自按照它所属的那个种类的需要进行生产,而人则不同。人不仅为自己建筑房屋,而且还可以制造鸟巢,造兽穴,在不同的种族的需要之下,就按照不同的种族的标准去进行,这也是人的生产的普遍性的含义。同时,人的生产实践不仅要依据主观方面的需要,还要依据对客观事物的认识,即内在规律或"内在的标准"。人的生产正是根据"种族的标准"和"对象内在的标准"来生产,也即按照"美的规律"来制造事物。他还结合马克思在《资本论》中对劳动生产过程的论述进一步说明了人的生产的目的性。朱光潜试图通过对"美的规律"的论述说明作为艺术起源的生产劳动是主观与客观统一的。李泽厚的《美学三题议》则认为,理解马克思所

---

① 马克思关于"美的规律"的论述的德文原文是:Das Tier formiert nur nach dem Maß und dem Bedürfnis der species, der es anghört, wärend der Mensch nach dem Maß heder species zu produzieren weiß und übeall das inhärente Maß dem Gegenstand anzulegen weiß; der Mensch formiert dahe ouch nach den Gesetzen der Schönheit. 在这一节中所出现的德文引文均可与此相参照。资料来自 www. marxist. org。

讲的"美的规律"的前提是人类本质的特点——具有社会普遍性。而人的生产的普遍性体现在"真"与"善"的统一之中。只有符合客观规律的主体实践，即符合"真"（客观必然性）的"善"（社会普遍性），才能够得到肯定。马克思提出"美的规律"的这段著名论述恰恰说明了这种统一，"说明因具有内在目的尺度的人类主体实践依照自然客体规律来生产，于是，人类就能够依照客观世界本身的规律来改造客观世界以满足主观的需要，这个改造了的客观世界存在的形式便是美，所以，是'按照美的规律来造型'"。① 李泽厚也是通过"美的规律"范畴内涵的论述进一步论证了其美学观点——社会性与客观性的统一。

在 20 世纪 80 年代"美学热"中，随着《手稿》研究的深入，关于"美的规律"范畴的研究也进入了一个新的阶段。70 年代末，蔡仪的《马克思究竟怎样论美？》虽然不同意实践派观点的美学从《手稿》中的劳动以及"自然的人化"等理论阐发美学问题，却认为"美的规律"是马克思在《手稿》中论述美学问题的最精辟文字。他认为，"美的规律"首先揭示了美是客观的，这是唯物主义美学史上的一个崭新的观点，是美学史上划时代的一个标志。"原来美的规律之所以说是美的规律，首先有这样的意义：任何事物，无论自然界事物或社会事物，也无论是人所能创造的艺术品，凡是符合美的规律的东西就是美的事物。""那也就是说，事物的美不美，都决定于它是否符合于美的规律。那么美的规律就是美的事物的本质，或者说是美的事物所以美的本质。"既然如此，那么，也可以说，事物的美就是由于它具有这样的规律。从而推出美就是这样一种规律。"简单来说，美就是一种规律，是事物所以美的规律。"因为规律是客观的，所以，美是客观的。从其内涵上来看，蔡仪认为，美的规律的内涵与前文中马克思提及的"物种的尺度"与"内在的尺度"有着密切关系。所谓"尺度"，就它的原意说，本来是测定事物的标准；所谓"物种

---

① 李泽厚：《美学论集》，上海文艺出版社 1980 年版，第 163 页。

的尺度"则是该事物的"普遍性"或"本质特征",而所谓"内在尺度"也就是内部的"标志"或内在的"本质特征"。"物种的尺度"和"内在的尺度"无论从语义上看还是从实际上看,并不是说的完全不同的两回事。物种的特征既有外表的也有内在的。而之所以说"内在的",不过是因为事物的内在的特征,比之外表的特征更难于掌握些。虽然如此,即使物种有内在的特征,内在的本质,人类也是能够掌握,并且能够到处适用于对象上去。因此,"美的规律就是典型的规律,美的法则就是典型的法则"。①

蔡仪的这种理解,引起了20世纪80年代关于"美的规律"内涵的探究热,人们各自从不同的角度提出了自己的理解。支持蔡仪观点的有王善忠的《也谈"美的规律"》、张国民的《如何认识马克思的"美的规律"论》、严昭柱的《论马克思的"美的规律"》等。与之展开商榷的有刘纲纪的《关于马克思论美》、陈望衡的《试论马克思实践观点的美学》、朱狄的《马克思〈1844年经济学—哲学手稿〉对美学的指导意义在哪里?》等。同期,程代熙与墨哲兰之间还围绕马克思这段译文,特别是"内在尺度"的译法展开争论。首先是程代熙的《关于美的规律》一文在引用《马克思恩格斯全集》第42卷中引述"美的规律"的译文时,对之做了适当的修改,把原译文中的"内在尺度"改译为"对象所固有的尺度"。② 这一细微的改动,引起了墨哲兰的注意。他撰文《人的本质与美的本质》与之商榷,认为,根据德文语法"内在尺度"的主体应是人,而不是程代熙所改动的"对象所固有的尺度"。程代熙撰文《答墨哲兰同志》给予回应,从德文原文和俄文、英文译文以及朱光潜的译文等证明,此处的"尺度"的归属应是客观对象,而不是人这一主体。墨哲兰撰文《为人争"内在尺度"》又给予辩驳。

---

① 《蔡仪文集》(4),中国文联出版社2002年版,第146—147、151页。
② 程代熙:《马克思〈手稿〉中的美学思想讨论集》,陕西人民出版社1983年版,第443页。

进入 20 世纪 90 年代以后，虽然中国当代马克思主义美学迈开了转型的步伐，但与此同时，围绕对马克思《手稿》中"美的规律"的内涵又展开了新一轮的研究热，对其文本内涵的理解争论得不亦乐乎。这次论争是由陆梅林发表在《文艺研究》1997 年第 1 期上的《〈巴黎手稿〉美学思想探微——美的规律篇》一文引起的。他首先从语义分析的角度，引证德文原文和俄文、英文等译文证明"内在尺度"应为对象的"固有尺度"。接着他又从思维与存在的角度，认为："'美的规律'是一种客观的规律"，"'美的规律'经过人们的正确认识，是可以自觉地加以掌握和运用的。"① 朱立元的《对马克思关于"美的规律"论述的几点思考》一方面同意陆梅林对译文的意见，同时又对"美的规律"的客观性问题与之展开商榷。他认为，"美的规律"是一种社会规律，不是自然规律，所以其客观性也是社会规律的客观性。与朱立元不同，应必诚的《〈巴黎手稿〉与美学问题》也从德文原文和俄文、英文等译文出发，提出了与陆梅林不同的见解。他认为从德文原文来看，"内在尺度"由于马克思在论述中 inhärente（内在的）承前省略了第三格名词，致使"内在尺度"的归属有了两种可能。"谁的尺度就有两种可能，既可理解为主体人的尺度，也可以理解为客体的内在尺度。"根据句子的意义来看，此处内在尺度应属于人的，"在两种可能的理解中，我们只能理解为主体人把人的内在尺度放置到对象上去，也就是按照人的尺度改造对象世界"。② 同期，曾簇林撰文《马克思关于"美的规律"的客观性》，一方面赞同陆梅林的观点，同时与朱立元同期发表在 1997 年 4 月 29 日《文艺报》上的《如何理解马克思关于"美的规律"论述?》展开辩论。她认为："我国美学界由于对所谓'两个尺度'的误读而造成对所谓'内在尺度'的误解，以致把对象客体所固有的、客观的'美的规律'，说成是主客统一的、主体活动的规

① 陆梅林：《〈巴黎手稿〉美学思想探微——美的规律篇》，《文艺研究》1997 年第 1 期。

② 应必诚：《〈巴黎手稿〉与美学问题》，《中国社会科学》1998 年第 3 期。

美学传统的形成与突破

律，也就是把'人也按照美的规律建造'与'美的规律'作了混同。"①她进而认为，这种混同最突出的表述，莫过于以总结形态面世的蒋孔阳的《美学新论》，并且刊发在《文艺报》上朱立元的文章继续了这一误解。朱立元撰文《对马克思关于"美的规律"论述的再思考》给予回应。后来，双方各撰文围绕客观性问题展开讨论。

同时在这一时期，关于"美的规律"范畴的研究也出现了一些总结性的文章，表达了中国当代马克思主义美学研究应跳出这种持续多年的、不必要的文本之争，寻求更为有意义的解决方式的思考。应必诚的《〈巴黎手稿〉与美学问题》曾提出，我们的美学研究应该把握《手稿》的基本精神，从关系心与物、精神与物质关系的研究，转向主体与客体关系的研究，从关注实体范畴、属性范畴的研究，转向关系范畴、价值范畴的研究。这样我们才能把我们的美学研究继续推向前进，而不是回归到原来的起点上。② 杨曾宪的《关于美学方法、学科定位及审美价值的几点浅识》认为："当代中国的经济理论和实践已经大大突破和发展了马克思的经济理论，我们的美学研究又有什么理由停留在对《巴黎手稿》的推演和阐释上呢？"③他认为，建构中国当代美学理论应该多元化，没有必要执拗于对经典文本的解释上。程金海的《解释的限度：九十年代以来"美的规律"论争的解释学视域》则从解释学角度，分析了中国当代美学中关于"美的规律"的论争的几种解释模式。④ 他站在旁观者的角度，运用解释学的方法，分析中国当代美学关于"美的规律"范畴各自的解释模式，并指出了各种解读模式的优势与缺陷，为中国当代马克思主义美学跳出这

---

① 曾簇林：《马克思关于"美的规律"的客观性（上）——对一个老是论误了的问题的驳正》，《湘潭大学学报》（哲学社会科学版）1998 年第 4 期。

② 应必诚：《〈巴黎手稿〉与美学问题》，《中国社会科学》1998 年第 3 期。

③ 杨曾宪：《关于美学方法、学科定位及审美价值的几点浅识》，《学术月刊》1998 年第 5 期。

④ 程金海：《解释的限度：九十年代以来"美的规律"论争的解释学视域》，《中州学刊》2003 年第 2 期。

种无休止的争论提供了一种必要的思考。

二 论争中的焦点分歧

关于"美的规律"的半个多世纪的论争主要表现为两个问题上的分歧：一是究竟如何认识"美的规律"，它究竟是一种客观存在的自然规律还是一种生产劳动过程中的生产规律；二是究竟如何理解"美的规律"内涵，这主要表现为对与之密切相关的几个尺度的理解上，特别是"内在尺度"的译法与归属上。

一是关于如何认识"美的规律"。在 20 世纪五六十年代，首先关注和解释"美的规律"的两位代表朱光潜和李泽厚都是从生产劳动的角度来理解"美的规律"的。尽管他们对"美的规律"内涵的理解是不同的，但他们都把"美的规律"理解为一种生产规律。朱光潜的《生产劳动与人对世界的艺术掌握》一文认为，马克思是在论述人的生产与动物的生产的区别时提出的"美的规律"。它显示了人的生产与动物生产的重要区别。动物只是各自按照它所属的那个种类的需要进行生产，而人则是进行普遍的生产。人的普遍的生产表现为人的生产是根据人的需要和认识来进行的，也就是生产本身不但满足自身的需要，还必须认识客观事物的"内在标准"。同时，"所谓根据需要与认识来进行劳动生产，还有一个深刻的意义，就是在生产之前，生产者在心中已悬有一个确定的目的。"①因此，"美的规律"是一个主客观统一的生产规律。李泽厚的《美学三题议》认为，马克思完全不是从审美、意识、情趣、艺术实践而是从人类的基本实践——人对自然的社会性的生产活动中来讲美的规律的，而人的社会生产实践是依照客观世界本身的规律来改造客观世界以满足主观的需要的生产，因此，"美的规律"是"真"与"善"相统一的生产规律。

进入新时期以后，对"美的规律"的理解出现了分歧。蔡仪的《马克

---

① 《朱光潜美学文集》第 3 卷，上海文艺出版社 1983 年版，第 288 页。

思究竟怎样论美？》认为，马克思在《手稿》中提出的"美的规律"从这一范畴的提出本身可以看出，它是一种客观规律。从内涵来看，它是事物的"内在尺度"，是事物的本质特征。因此，美的规律是一种客观存在的自然规律。蔡仪的这一认识和阐释"美的规律"的方式引起了人们的争论。赞同者有之，反对者有之。

在 20 世纪 80 年代，赞同蔡仪观点的有王善忠、张国民等。王善忠的《也谈"美的规律"》认为，既然马克思提出按照"美的规律"来造型，这就意味着承认在客观事物中是存在着"美的规律"的。所谓规律是指客观事物本身所固有的、本质的、必然的联系。"而所说'美的规律'，应是美在于客观事物本身，或者说，在客观事物中存在着规定事物之所以美的客观规律。"①张国民的《如何认识马克思的"美的规律"论》认为，既然美的规律也是一种规律，那么，按照马克思主义的观点，它同样只能是客观的，不可能是主观的，也不可能是主客观结合的。人只能认识、掌握、运用（按照）美的规律，却不能创造美的规律，也不能与客观世界共同创造美的规律。"马克思提出'美的规律'论，只是客观的美的规律性在他的头脑中的反映，只是他发现了美的规律，并作了理论的概括。"②总之，"美的规律"是独立于人之外的、不以人的意志和意识为转移的客观规律。在 1990 年代的论争中，持这一观点的有陆梅林、曾簇林等。陆梅林的《〈巴黎手稿〉美学思想探微》认为："说'美的规律'是客观的，是一种客观的规律，是从思维和存在的关系来说的，它不以人的主观意志为转移，即使某某人或某些人感知不到，美仍然客观地存在那里。"③他是从思维与存在的角度来论证的，因为美是客观的，因此，"美的规

① 程代熙主编：《马克思〈手稿〉中的美学思想讨论集》，陕西人民出版社 1983 年版，第 484 页。

② 《马克思哲学美学思想论集——纪念马克思逝世一百周年》，山东人民出版社 1982 年版，第 187 页。

③ 陆梅林：《〈巴黎手稿〉美学思想探微——美的规律篇》，《文艺研究》1997 年第 1 期。

律"当然是客观存在的。曾簇林的《马克思关于"美的规律"的客观性》认为，马克思所说的"美的规律"是指具有审美属性的对象客体内在本质与表现形式完满统一的规律，它是客体自身具备的，属于客观的规律。"美的规律是对象客体自身矛盾运动的表现，是对象客体自身固有的特征，属于客观的规律，只有客观的。"[1]因为，历史唯物主义一元论认为规律是不能创造的，人可以认识和掌握美的规律来建造美，但不能创造美的规律。

在 20 世纪 80 年代与蔡仪等持不同意见的有陈望衡、朱狄、杨恩寰等。陈望衡的《马克思"美的规律"说初探》认为，马克思谈"美的规律"的一个突出特点，就是把美的规律与人的生产实践联系起来，并且把美的规律建立在实践的基础上，美的规律成为人的生产实践的规律之一。"根据马克思的意思，美的生产应该显示人的自由意志的生产；美的规律应该包含人的自由天性怎样得到体现的内容。"[2]因此，在他看来，"美的规律"不仅仅是事物本身的规律，还是包含着人的自由意志的生产规律。朱狄的《马克思〈1844 年经济学—哲学手稿〉对美学的指导意义究竟在哪里?》认为："正如《手稿》并非美学著作一样，马克思是从人类最基本的实践活动出发来讲美的规律的，而并非是从审美活动出发来讲美的规律的。这里的'生产'，并非指'艺术生产'，而是指物质生产。在这种意义上马克思所说的'按照任何物种的尺度来进行生产'，'用内在固有的尺度来衡量对象'，重点都是讲主体而并非讲客体，都是指人类的实践活动是区别于动物的一种有意识的活动，正因为有了这样一种基础，所以人才能按照美的规律来塑造物体。"[3]杨恩寰的《对"美的规律"的再思考》也认为，"美

① 曾簇林：《马克思关于"美的规律"的客观性(下)——对一个老是论误了的问题的驳正》，《湘潭大学学报》(哲学社会科学版)1998 年第 5 期。

② 陈望衡：《马克思"美的规律"说初探》，《河北大学学报》1981 年第 2 期。

③ 程代熙编：《马克思〈手稿〉中的美学思想讨论集》，陕西人民出版社 1983 年版，第 133 页。

美学传统的形成与突破

的规律"既不是主体心的规律，也不是客体物的规律。"'美的规律'存在于人类物质生产中，它只能是人类物质生产的规律。"①"美的规律"同样是客观的，普遍的，不以哪一个人的意志为转移的；它同样是物的规律，但不是自然物的规律，而是人类改造自然物的活动的规律。

在 20 世纪 90 年代的论争中持这一观点的主要有朱立元、应必诚等。朱立元的《对马克思关于"美的规律"论述的几点思考》认为，人之所以区别于动物，在于人能正确认识和遵循其他物种、一切对象的固有尺度和规律的基础上，按自己的需要和目的来对其进行加工和改造。在人的生产中，仅仅按照对象的尺度还远远不够，还需注入人的主观目的、意图，才能现实地进行生产，以满足人自身的需要。"马克思虽未用'主体尺度'一词，但他讲的人的生产区别于动物之处正在于人的自觉性、目的性和主体性，包括人能认识、运用对象的尺度来改造对象本身也体现了人的这种主体性。因此，马克思最后讲的'美的规律'，其内容应包含人的生产的主体目的与客体尺度的两个方面及其辩证统一，而不只是物种或对象的客体尺度一个方面。"②应必诚的《〈巴黎手稿〉与美学问题》认为："根据《手稿》的思想，认知的真、功利的善以及愉悦的美都以人的实践为基础，是主体与客体的统一，是客体对象尺度与人的内在尺度的统一，是人的本质力量的对象化。"③"美的规律"作为人的实践规律之一，当然是包含人的主体尺度的规律。他的《再论马克思〈巴黎手稿〉的美学问题》中再次强调了这一观点。他认为："社会规律、美的规律是客体所固有的，这是曾簇林的主要观点，问题在于，有没有这样一种叫客体所固有的规律呢？我以为这样一种社会规律、美的规律根本是没有的。"④

————————

① 杨恩寰：《对"美的规律"的再思考》，《齐齐哈尔师范学院学报》1986 年第 3 期。

② 朱立元：《对马克思关于"美的规律"论述的几点思考》，《学术月刊》1997 年第 12 期。

③ 应必诚：《〈巴黎手稿〉与美学问题》，《中国社会科学》1998 年第 3 期。

④ 应必诚：《再论马克思〈巴黎手稿〉的美学问题》，《文艺研究》2004 年第 1 期。

二是关于"美的规律"内涵的理解。究竟如何理解"美的规律"的内涵，争论主要表现为对"内在尺度"的理解上。蔡仪的《马克思究竟怎样论美？》中认为，马克思在这里所言的"尺度"相当于"标志"、"本质"或"特征"。从马克思的原文的句意来看，"物种的尺度"和"内在的尺度"，二者在内涵上是一致的。二者的差别仅在于一个指事物的外在特征，一个指事物的内在特征，因此，"美的规律"是事物的"内在尺度"，是事物的内在特征或本质。蔡仪的这一理解立即遭到刘纲纪、陈望衡等人的激烈反对。刘纲纪的《关于马克思论美》认为："马克思所说的物种的尺度和内在的尺度绝不是一个东西。前者指的是动物所属的物种的尺度，后者指的则是和动物的不同的人自身所要求的尺度。之所以称之为'内在尺度'，就因为它不是外在的物种所具有的尺度，而是人根据他的目的、需要所提出的尺度。"① 因此，"美的规律"，就马克思所提到的物质生产的范围来看，必然是物种的自然尺度同人所提出的内在尺度的统一。陈望衡的《试论马克思实践观点的美学》认为："从语义上看，'内在固有的尺度'这一句的主语应该是'人'，主语的省略是承前省。那么，'内在固有的尺度'应理解为人的尺度，而不应理解为物的尺度。'物种的尺度'讲的是客体的特征，'内在固有的尺度'讲的是主体的特征，两者结合，才能构成'美的规律'。"②

同时，张国民、严昭柱等人则从不同的角度论证支持着蔡仪的观点。张国民的《如何认识马克思的"美的规律"论》认为，马克思所言的"尺度"来源于黑格尔，是指事物的质量统一体，是事物的规定性，因而也是事物的本质特征，它包含"标准"、"标志"等意思。"尺度"和本质特征是一回事，是对同一个东西的不同表述而已。因此，他认为："所谓

① 刘纲纪：《美学与哲学》，湖北人民出版社 1986 年版，第 52—53 页。
② 程代熙主编：《马克思〈手稿〉中的美学思想讨论集》，陕西人民出版社 1983年版，第 219 页。

'内在的尺度'，是事物的内在的本质特征，具体地说，就是事物的内部的、包括有些事物生理的心理的本质特征。"①而把"内在的尺度"理解"内在目的尺度"和主观对事物规律的"认识和掌握"都是不准确，甚至矛盾的，因为尺度是客观的，而目的和主观的认识是主观的。严昭柱的《论马克思的"美的规律"说》认为，人之所以能够"按照美的规律"来生产，是因为人的生产与动物的生产是不同的。如果把内在尺度理解人的尺度和内在目的的尺度，则把人的生产混同于动物的生产。而人的生产的优越正体现在人能把握事物的本质特征。因此，"人在生产中衡量对象的'尺度'只能是客体对象的尺度，而不是什么到处用以衡量任何对象的人的尺度或者人的'内在固有的尺度'"。②

另外在对"内在尺度"的解读过程中，人们还一直对马克思这段原文的翻译和文法进行着不断的争论。在 20 世纪 80 年代，程代熙和墨哲兰之间围绕"内在尺度"的翻译与归属问题展开过一次论争。程代熙的《关于美的规律》一方面在引用马克思论述美的规律译文的时候，对《马克思恩格斯全集》第 42 卷中的原译文作了稍微的改动，把"内在尺度"改为"对象固有的尺度"，同时他认为："'尺度'，或者说'规律'，是一种不以人的意志为转移的客观存在。"③因此，所谓尺度只能是对象的尺度，是一种客观存在的本质特征。墨哲兰的《人的本质与美的规律》就"内在尺度"的译法和"美的规律"内涵的理解与程代熙展开商榷，他认为："'dem'是第三格（给予格），不是第二格（所属格），不能译成'客体的内在标准'或'对象固有的尺度'，而应译成'内在尺度用于对象'或'把内在尺度运用到对象上去'。"④一"格"之差，关系到内在尺度的归属，内在

---

① 《马克思哲学美学思想论集——纪念马克思逝世一百周年》，山东人民出版社 1982 年版，第 170 页。

② 《马克思哲学美学思想研究》，湖南人民出版社 1983 年版，第 203 页。

③ 程代熙主编：《马克思〈手稿〉中的美学思想讨论集》，陕西人民出版社 1983 年版，第 450 页。

④ 同上书，第 465 页。

尺度的主体应该是人，而不是对象。因此，"美的规律"不是客观的自然规律，而是包含主体人的创造自由的规律。随后，程代熙的《关于一段译文的译法》对自己改动的缘由进行了说明，并举出朱光潜、米·里夫希茨等人的论点作为辅证来证明自己的观点。墨哲兰也继续撰文《为人争"内在尺度"》给予反驳。

在 20 世纪 90 年代，关于"美的规律"内涵的争论也是首先由对译文的争论引起的。陆梅林的《〈巴黎手稿〉美学思想探微》认为，俄文与德文相对照，在语义上是相等的，那么，"从俄文的语法看，这个'尺度'为对象所固有，俄文的'所固有的'这个形容词要求变为第三格，就像有的文章所指出的已是'给予'格。但前面的'对象'一词已是第三格了。因此，可以译为'并且处处会对对象运用固有的尺度'"。① 应必诚的《〈巴黎手稿〉与美学问题》则给予针锋相对的回答。他认为，为了深入了解马克思的美学思想，首先分析德文原文是必要的。"德语原文的这一句，主语'人'承前省略，动词 aulegen 有两个宾语；第四格的直接宾语 das inhärente Maß（内在尺度）和第三格间接宾语 dem Gegenstand（对象）。在德语中，动词 anlagen 有很多词义，有些只要求带第四格宾语，例如，eine Stadt anlagen 建设一座城市；Holz anlagen 向火中添柴等。但在同时要求带第三格间接宾语和第四格直接宾语时，它的意思是'给……戴上'，'给……扎上'，'把……放置到……上'。""据此，我们就不能说人把对象的内在尺度放置到对象上去，内在尺度本来就是对象所固有，用不着从外面放置上去；说外在于对象的人把对象的内在尺度放置到对象上去，在逻辑上是难以说通的。"因此，"内在尺度"只可能是人的尺度。而陆梅林所说的俄文译文与德文原文相对照是相等的，但是，陆梅林的理解出现了问题，因为，"实际上，

---

① 陆梅林：《〈巴黎手稿〉美学思想探微——美的规律篇》，《文艺研究》1997 年第 1 期。

这个第三个名词 предмету（对象）是前面介词 к 要求的，与 присущую меру（内在尺度）实在是毫无关系的"。① 围绕这段译文，曾簇林、朱立元、陈海静、朱兰芝等也撰文参与了讨论，但是都没有足够的证据说服对方。

三　理论贡献：美的创造规律

"美的规律"是马克思在论述人的生产与动物生产的重要差别时提出来的。人的生产与动物的生产的重要差别是人的生产的自由自觉性，也即人的类特性。马克思认为："通过实践创造对象世界，即改造无机界，证明了人是有意识的类存在物，也就是这样一种存在物，它把类作为自己的本质，或者说把自身看作类存在物。"②通过实践，人类创造了一个对象世界，也创造了人本身。在实践过程中，通过创造对象世界的生产过程，也确证了人的自由自觉的本质。从马克思的论述来看，人的生产与动物的生产的差别表现为三个方面，一是人的生产是全面的，而动物的生产是片面的；二是人可以生产整个自然界，而动物只生产它自身；三是人可以自由地对待自己的产品，而动物只能与它的肉体相联系。作为三个方面的总结，马克思认为动物的生产只是按照它所属的物种的尺度和需要进行生产，这种生产只是本能的、不自由的，而人的生产则可以超越自身的局限按照任何一种物种的尺度进行生产，并且把自己的内在尺度在对象世界中显现出来，因此，人还按照美的规律来生产。人的物质生产实践是人的本质力量的一面镜子，是

①　应必诚：《〈巴黎手稿〉与美学问题》，《中国社会科学》1998 年第 3 期，第 161 页。马克思关于"美的规律"的俄文译文是：Животное строит только сообразно мерке и потребности того вида, к которому оно принадлежит, тогда как человек умеет производить по меркам любого вида и всюду он умеет прилагать к предмету присущую мерку; в силу этого человек строит также и по законам красоты. 资料来自 www. marxist. org。

②　《马克思恩格斯全集》第 42 卷，人民出版社 1979 年版，第 96 页。

打开人的本质力量的心理学。在人创造的对象世界中见出的是人的自由自觉的本质，也见出了人对美的创造能力。由此看来，人的自由自觉性是人的生产区别于动物生产的总纲，而"美的规律"无疑是这种差别特征之一。因此，"美的规律"必然分有这一总差别的特性，同时又具有自己的特殊性。从总的差别这一特性而言，"美的规律"是在人的劳动过程中表现出来的规律，必然是一种生产规律，是人之为人的生产的一个重要特征。它不在生产之外，更不存在于无机的自然界。从特殊性而言，它又不是生产规律，因为在生产规律中还有"真的规律"与"善的规律"。

规律是客观的，但是否就是自然界的客观规律呢？这是中国当代马克思主义美学研究"美的规律"范畴时争论的焦点之一，也是理解"美的规律"究竟是一种客观存在的自然规律还是生产过程的生产规律的关节点。何谓"规律"？又如何理解规律的客观性？从词源学上来看，规律（德文 Gesetzen，英文 Law）在西文中有多种含义，它源于古希腊哲学中的 Logos（逻各斯）一词。美国一部权威词典对 Logos 的解释为，"一个希腊术语，意指'理性，语词，说话，演讲，推理，定义，原理或尺度比例'。它在哲学中的功能已主要转为逻各斯即'理性'之意"。[①] 可见，Logos 的原初意义主要是指人的理性、语词、说话、推理等，定义、原理也是通过理性作出的推理，这里的比例尺度之意显然也被纳入人的理性的范围。它在哲学中的功能主要也是人的理性。Logos 作为 Law 一词的渊源，它对 Law 的基本含义是有所制约的。Law 最基本的意义是法律及与法律有关的法制、法的威力或制约、法律体系或法统、法学、权威、司法界、执法者、法令法案等，而法律是人制定来维护正常的社会秩序的，司法界、执法者等词义本身就指人。可见，从词源学和基本

---

① 威廉·瑞斯主编：《哲学与宗教词典》，新泽西 1980 年版，第 314 页。

义方面看，Law(Gesetzen)是属人的，绝非纯属客体对象的东西。① 若从马克思整个哲学的基本精神来把握，规律也不必然是客观的自然规律。马克思主义哲学是实践的哲学，是对一切旧唯物主义和唯心主义哲学的革命性超越。当我们从实践的角度理解对象、现实、感性的时候，所谓自然界的规律也是人的一种认识，并且也是随着人的实践而不断得到深化。规律既然是人对客观世界的一种认识，也是相对主体而存在的。因此，在马克思的哲学体系中，"规律"不仅仅指绝对客观性这种单一的旧唯物主义式的理解，还包含另一层含义，即一切规律都是在实践领域中可以认识的，可以为实践所把握的。马克思主义哲学的一个核心的思想不是执意坚持客观论，而是坚持可认识性、可把握性。因为马克思主义哲学的目的不仅仅是解释世界，而是改造世界。而改造世界的首要前提，是对象的可知性、可把握性。如此，规律不仅存在于客观的自然界，也可以存在于社会领域乃至人的主观世界。它不仅指自然领域的规律，还指社会领域乃至人的主观领域的规律。由此看来，单纯从规律一词，就推断出美的规律是自然界的客观规律的推论是站不住脚的。

关于"美的规律"的内涵，首先，它和马克思提及的三个尺度——"种的尺度"、"物种的尺度"、"内在尺度"有着密切的关系。"种的尺度"是指动物本能的尺度，在理解上没有争论。"物种的尺度"，有人认为是指物的尺度，是客观的；也有人根据前后文，认为其不是物的尺度，而是作为物种"主体"的尺度。总体而言，这两种理解差别不大，不论理解为物的尺度，还是物种"主体"的尺度，都是一种客观的尺度，不影响对句意的理解。关于"内在尺度"的理解是争论的焦点。有人认为"内在尺度"是指事物的本质特征；有人认为内在尺度是人的尺度，是人的需要，是人的生产目的。"内在尺度"到底指什么呢？从语法的角度看，由于马

---

① 关于"规律"词源学和基本义的分析参见朱立元的《对马克思关于"美的规律"论述的再思考》，《学术月刊》2000 年第 2 期。

克思在论述中，inhärente(内在的)承前省略了第三格名词，致使"内在尺度"的归属有了两种可能。因此只是从语法的角度来理解，已是很难解决了。从前文的论述来看，在中国当代马克思主义美学中对这一短语的翻译，在语法上文法上都没有足够的证据说服对方。因此，我们只能求助于马克思整个哲学的精神。马克思主义哲学是实践的哲学，其目的不仅仅是认识世界，而是改造世界，那么，改造世界必然体现人的需要和改造的目的，但从"种的尺度"和"物种的尺度"都看不出人作为人的需求和目的。那么，从马克思主义哲学的精神和《手稿》的语境来看，这里的"内在尺度"在两种可能性之中只能是人的内在尺度。

其次，从马克思的整个论述过程来看，马克思是在论述人的生产与动物的生产的差别，"美的规律"是差别之一。如果美的规律存在于自然界，动物同样也可以按照美的规律来生产，比如蜂巢，鸟窝等，因为马克思也曾论述过，"蜜蜂建筑蜂房的本领使人间的许多建筑师感到惭愧"。① 但是，动物的生产是本能的，同样它也不是在按照美的规律来生产，它只是按照它所属的种的尺度和需要在生产。"但是，最蹩脚的建筑师从一开始就比最灵巧的蜜蜂高明的地方，是他在用蜂蜡建筑蜂房以前，已经在自己的头脑中把它建成了。"②而"美的规律"，也只能是人的生产规律，并且是显现人的内在尺度，即人的本质力量的规律。因此，美的规律不是客观存在的自然规律，而是人的生产规律，并且与人的内在尺度有着密切的关系。当然，也必须明确，作为内在尺度的人的本质力量是多方面的，包含真、善、美，美只是其中之一。美的规律是生产规律之一，并不是全部的生产规律。

既然"美的规律"是一种生产过程的创造规律，那么，从生产客体来看，所谓"美的规律"就是形式创造的规律，也即是说在创造一种新的形

---

① 《马克思恩格斯全集》第 23 卷，人民出版社 1972 年版，第 202 页。

② 同上。

式时，作为生产规律本身，必须符合客体自身存在的客观形式规律。从生产主体来看，"美的规律"就是内在尺度的对象化，在生产过程中，不但遵循客观事物的客观规律，还应发挥主体的创造力，特别是感性的审美能力和主体的审美心理规律，也即是说，所创造的形式必须符合人的美感要求。所以说，按照"美的规律"来建造就是在对象化实践中，在主客体的统一过程中也把客体的形式和主体的美感统一起来。人能够认识客观事物中存在着的形式建构规律，并能够按照自己的审美要求来塑造物体的形象，这充分体现了人的能动性、创造性。马克思把美的创造同人的生产劳动联系起来，在动物与人的生产的比较中揭示"美的规律"，正是他从生产实践中出发探讨美的发生根源的进一步深化。因此，我们探讨"美的规律"，一定要把他人的生产劳动、人的生命活动的本质联系起来。但在进行这种联系时，也必须对按"美的规律"来建造与人类整个生产劳动活动的关系作出正确的界定，不应夸大按美的规律进行生产的范围，把整个生产活动都看成是按"美的规律"来生产，把生产劳动等同于美的创造。

在中国当代马克思主义美学研究中，各派美学对"美的规律"范畴给予了极大的关注，对其内涵的理解也给出各种各样的解释。通过这种争论和解释也充分反映了各派美学的解释角度和理论观点，也充分暴露了各自的理论缺陷。客观论美学强调美的规律是一种客观存在的自然规律，把美的规律等同于真，实践论美学强调美的规律是一种生产规律，合规律性与合目的性的统一，把美的规律等同于善。在这种争论中，并没有真正给出美存在的真正合理位置。虽然如此，在中国当代马克思主义美学研究中，对"美的规律"范畴的研究与强调，突出了美的创造特点。把对美的本质的抽象研究转换为美的创造规律，这种理论的指导，促进了中国当代马克思主义美学对艺术形式的创造以及创作心理的研究，为美的创造规律研究奠定了扎实的理论基础。

第四章 《手稿》与中国当代马克思主义美学的基本问题(下)

《手稿》与中国当代马克思主义美学之间的关系是双向的。《手稿》研究影响了中国当代马克思主义美学的基本问题的回答，但是，这种影响对中国当代马克思主义美学而言，是主动的，不是被动的，并且是有选择性的。从 20 世纪五六十年代的美学大讨论到 80 年代的"美学热"，在中国当代马克思主义美学中形成的美学四大派都不同程度地吸收了《手稿》中的相关理论，在问题的解答上形成了不同的研究思路。在这里，我们打破学派之间的界限，仍然以问题为中心，从美的本质、美感问题、艺术本质等美学的三个基本问题出发，考察《手稿》与其解答思路之间的关联，以期更清晰地把握《手稿》在中国当代马克思主义美学传统形成过程中的价值和意义。

第一节 美的本质

美的本质问题是美学研究的一个元问题，更是美学作为一门学科得以确立的根本问题，虽然经历了分析美学的洗礼，但是，无论在当今的西方，还是在当代的中国，美的本质问题仍然是美学研究所无法绕开的基本理论问题，分析美学却因"并不涉及美学本身的问题"①而逐渐衰落了。在中国当代马克思主义美学的起点上，由于其特定的发生语境和理论旨趣，首先探讨的问题必然是美的本质问题，它也是中国当代马克思主义美学理论发展史上两次"美学热"中探讨的核心问题。各派美学理论家从各自不同的角度吸收着《手稿》中相关的理论，在对美的本质问题的探讨上形成了三种不同的研究思路。

一　根源的角度

美的本质问题是由柏拉图首先提出来的，他在《大希庇阿斯篇》中以苏格拉底的口吻向希庇阿斯发问"什么是美？"，并且在美学史上首次把"什么是美"和"什么东西是美的"两个问题区分开来，追问美的现象背后的本质。他认为他问的是美之为美的"美本身"，即美的本质，而不是哪些东西是美的，"我问的是美本身，这美本身，加到任何一件事物上面，就使那件事物成其为美，不管它是一块石头，一块木头，一个人，一个神，一个动作，还是一门学问"。② 在柏拉图看来，所谓"美本身"，是美之为美的原因，是美的现象背后的本质或根本性质。自此，美的本质问题成为美学研究者首要回答的问题。

在美学大讨论中，围绕美的本质问题的回答形成四派观点，以蔡仪为代表的客观派，以吕荧为代表的主观派，以朱光潜为代表的主客观统一派以及以李泽厚为代表的社会性与客观性统一派。客观派、主观派、主客观统一派，虽然都对美的本原问题给出了自己的回答，但是，在观点上仍然是重复过去美学史上的研究思路，并不能给美的本原做进一步的说明，比如，蔡仪虽然坚持唯物主义，认为美是客观的，美在客观现

---

① ［英］P. 拉马克：《〈英国美学杂志〉40 年》，章建刚译，《哲学译丛》2001 年第 2 期。

② 柏拉图：《文艺对话集》，朱光潜译，人民文学出版社 1963 年版，第 188 页。

实事物之中，但是，他进而提出美在典型，而所谓典型是事物的本质属性，是"个别之中显现着一般的东西"，"个别之中显现着种类的一般"。① 虽然他对"典型"这一范畴一再解释，但是终究和旧唯物主义的自然属性说是很难区分的。李泽厚则把蔡仪的"典型说"称为"形而上学唯物主义"，认为它是不能正确解决美的客观性问题的。他认为，辩证唯物主义认为："美是客观存在的，但它不是一种自然属性或自然现象、自然规律，而是一种人类社会生活的属性、现象、规律。"② 在李泽厚看来，美首先是客观的，但是，这种客观性不是旧唯物主义所认为的自然属性，而是社会属性。对这种社会属性的成因或根源，他在《手稿》中为自己找到了理论支撑点——"自然的人化"，"自然对象只有成为'人化的自然'，只有在自然对象上'客观地揭开了人的本质的丰富性'的时候，它才成为美"。③

李泽厚这种探讨美的本质本原的方式，其实是一种探寻根源的方式，即对美的发生根源的解答。美是客观的，在表现形式上是自然的属性，但是这种自然的属性有着深层的社会根源，其根源来自于"自然的人化"。当然，这种探究方式一开始在李泽厚那里也是不自觉的，只是到了 20 世纪 80 年代，他在继续探究美的本质问题，提出美的层次说时，思路才逐渐明晰起来。1984 年，他在《谈美》中提出：

> "美"这个词也有好几种或几层含义。第一层（种）含义是审美对象；第二层（种）含义是审美性质（素质）；第三层（种）含义则是美的本质、美的根源。所以要注意"美"这个词是在哪层（种）含义上使用的。你所谓的"美"到底是指对象的审美性质？还是指一个具体的审美对象？还是指美的本质和根源？我们争

① 《蔡仪文集》(1)，中国文联出版社 2002 年版，第 235 页。
② 李泽厚：《美学论集》，上海文艺出版社 1980 年版，第 25 页。
③ 同上。

美学传统的形成与突破

论美是主观的还是客观的，就是在也只能在第三个层次上进行，而并不是在第一层次和第二层次的意义上。因为所谓美是主观的还是客观的，并不是指一个具体的审美对象，也不是指一般的审美性质，而是指一种哲学探讨，即研究"美"从根本上到底是如何来的？是心灵创造的？上帝给予的？生理发生的？还是别有来由？所以它研究的是美的根源、本质，而不是研究美的现象，不是研究某个审美对象为什么会使你感到美或审美性质到底有哪些等等。①

在李泽厚看来，在美学研究中对"美"的理解上，存在着三个不同的层次，即审美对象、审美性质和美的本质或美的根源。而美学所要研究的美的本质问题，就是对美的根源的追问。在《美学四讲》中，他更进一步说明，"所谓'美的本质'是指从根本上、根源上、从其充分而必要的最后条件上来追究美。所以，美的本质并不就是审美性质，不能把它归结为对称、比例、节奏、韵律等等；美的本质也不是审美对象，不能把它归结为直觉、表现、移情、距离等等"。②

这种根源的探究思路，是与《手稿》中的劳动实践思想密切相关的。马克思在《手稿》中透过经济现象，在异化劳动中寻找到了国民经济学劳动价值理论的矛盾、资本主义社会矛盾的根源，也在劳动中寻找到了人的本质、人类历史发生的最终根源，即"整个所谓世界历史不外是人通过人的劳动而诞生的过程，是自然界对人说来的生成过程"。③ 同时，马克思还提出了美也是劳动创造的，是劳动实践的产物。在五六十年代的美学大讨论中，李泽厚从《手稿》中吸收理论资源，对马克思的劳动实践美学思想进行了阐发，这不但为美的客观性寻找到了产生的根源，同

---

① 李泽厚：《李泽厚哲学美学文选》，湖南人民出版社 1985 年版，第 462 页。

② 李泽厚：《美学三书》，安徽文艺出版社 1999 年版，第 476 页。

③ 《马克思恩格斯全集》第 42 卷，人民出版社 1979 年版，第 131 页。

时，他的这种探讨美的本质问题的方式，为中国当代马克思主义美学中美的本质的探究提供了一种新的研究思路。

在 20 世纪 80 年代的"美学热"中，其他实践派美学家刘纲纪、陈望衡等继续从根源的角度，把对美的本质问题的研究引向深入。刘纲纪围绕"劳动创造了美"这一命题阐发了自己的美学观点。针对论争者对"劳动创造了美"这一命题提出的质疑，他提出："所谓'劳动创造了美'，是从美的产生最后的终极的根源上来说的。从阐明劳动的本质到阐明美的本质之间，还需要有一系列哲学的、历史的、心理学的分析，最后才能得出什么是美的结论。这里有许多复杂的问题等待着我们去解决。马克思的'劳动创造了美'这一命题的重要意义，在于它为我们开辟了一条从实践，首先是物质生产实践——劳动去探求美的本质的道路，指出了美既不是唯心主义者所说的精神、观念的产物，也不是机械唯物论者所说的某种亘古以来就存在的、同人类无关的自然属性，而是人改造世界的实践活动的产物。"[1]在刘纲纪看来，"劳动创造了美"，是从美发生的最终根源上讲的，不是一切现实的美的事物都是劳动创造的，也不是一切现实的劳动都在创造着美的事物，那种对马克思这一美学命题的"公式"般的理解是机械的，并没有理解马克思这一命题的真正内涵。陈望衡也认为："'人化'自然是美的源泉。美在哪儿？美就存在于'人化'的自然界之中，存在于'对象化'的劳动过程中，存在于也是'人化'劳动的产物——'人'的身上。"[2]在陈望衡看来，美的源泉也是存在于"人化"的自然界，最终根源在于劳动实践。

二　关系的角度

与李泽厚探根寻源式的哲学解答思路不同，朱光潜则从基本的审美

---

①　刘纲纪：《美学与哲学》，湖北人民出版社 1986 年版，第 95—96 页。

②　程代熙主编：《马克思〈手稿〉中的美学思想讨论集》，陕西人民出版社 1983 年版，第 206 页。

美学传统的形成与突破

事实出发，始终认为美处于主客体的审美关系之中。在他的前后期思想中，有所不同的是，前期的思路是以西方唯心主义美学观为基础的，后期则在吸收马克思《手稿》等相关著作中劳动实践思想的基础上，转而从劳动实践的关系中解答审美关系的本质。

早已在美学界蜚声海内外的著名美学家朱光潜，新中国成立后面对来自各方的批判和压力，并没有放弃对学术的探索，而是经过认真学习马克思主义理论，在他已形成的美学体系上成功实现了转轨，为中国当代马克思主义美学的发展作出了卓越的贡献。

在新中国成立前发表的《文艺心理学》中，形成了他以"直觉"概念为核心的美学体系。在美的本质问题上，他经过对西方各家美学观点的比较，最后集中在审美认识论的心与物的关系上。他认为："美不仅在物，亦不仅在心，它在心与物的关系上面；但这种关系并不如康德和一般人所想象的，在物为刺激，在心为感受；它是心借物的形象来表现情趣。世间没有天生自在、俯拾即是的美，凡是美都要经过心灵的创造。"[1]在这里，他虽然提出了心物统一的关系论，但并没有把它真正建立起来。因为他的心物关系最后是统一于"心"的，把美的本原放在主观的"心"上，这是一种典型的主观唯心主义美学，所以，在新中国成立前便遭到了蔡仪等唯物主义美学家的批判。新中国成立后的美学大讨论中自然成为批判的对象。面对批判，朱光潜首先非常诚恳地承认自己观点的唯心主义性质，并做了深入的自我检讨，但是同时他又非常大胆地对自己的观点提出了保留意见，认为自己的美学观点同样具有合理的因素。在他的《我的文艺思想的反动性》自我检讨的文章中，他认为，过去的把美的问题放在心与物的关系中解决，这没有错，要"解决美的问题，必须达到主观与客观的统一"[2]，并且他现在仍然持这样的看法，关键错在最

---

[1] 《朱光潜全集》第 1 卷，安徽教育出版社 1987 年版，第 346—347 页。
[2] 《朱光潜美学文集》第 3 卷，上海文艺出版社 1983 年版，第 19 页。

终认为美与物没有关系，结果美就只是心了，而不是真正的心物关系，从而放弃了美的客观本原，单纯从主观出发，结果走向了唯心主义。

此后，在学习马克思主义著作的基础上，他一直在不断完善心物关系说，即主观与客观统一的美学观点。为此，他依次寻找了马克思主义的意识形态论、艺术掌握说和艺术劳动说，在20世纪60年代和20世纪80年代，把最终落脚点放在了《手稿》中的劳动实践观点上，把自己的新的心物关系——审美关系建立在艺术实践理论的基础之上。1957年，他在《论美是客观与主观的统一》中已经提到，"把文艺看做一种生产，这是马克思主义关于文艺的一个重要原则"。"单从反映论看文艺，文艺只是一种认识过程，而从生产劳动观点看文艺，文艺同时又是一种实践过程。"[1]也即是说，既然文艺是一种实践的过程，那么，文艺的美也是一个实践的过程，因此，美也是实践的，是主观与客观统一的。在《生产劳动与人对世界的艺术的掌握》中他认为，马克思主义理论显示，不但要从客观的方面去看，还要从主观的方面去看，"客观世界和主观能动性统一于实践。所以在美学上和在一般哲学上一样，马克思主义所用的是实践的观点，和它相对立的是直观的观点"。[2] 而所谓直观的观点，也就是从单纯反映，单纯认识的角度考察审美现象、解释美的本质。马克思在《手稿》中的观点恰是一种实践的观点，马克思提出人的生产不但按照客观的物的尺度生产，还按照人的主体需要的尺度生产，两种生产尺度的结合才符合人的生产需要。"人能自觉地通过劳动去创造，所以他所创造成的东西，例如石刀，就体现了他的需要和愿望，他的情感和思想以及他的驾驭自然的力量。因此，这种对象已不是生糙的自然，例如天然的石头，而是人的劳动的产品，用马克思的话来说，它是'人化的自然'，'人的本质力量的对象化'。石刀不但具有物质的性质，而且还具有人的精神的性

① 《朱光潜美学文集》第3卷，上海文艺出版社1983年版，第61、62页。
② 同上书，第281—282页。

美学传统的形成与突破

质。"①由此，劳动生产是人对世界的实践的精神的掌握，同时也就是人对世界的艺术的掌握。在劳动中人同世界建立的实践的关系，同时也就建立了人对世界的审美的关系。因而，"美就不是孤立物的静止面的一种属性，而是人在生产实践过程中既改变世界又从而改变自己的一种结果。发现事物美是人对世界的一种关系，即审美的关系"。②

从主观与客观的关系中探究美的本质，是朱光潜已有的学术立场，但是，由于缺乏正确的理论根基，在新中国成立前他走向了主观唯心主义。在美学大讨论中，他吸收了《手稿》中的劳动实践思想，把关系说建立在劳动实践的基础上，从而为其找到了坚实的理论根基，也为中国当代马克思主义美学探究美的本质提供了一种关系的角度。从审美关系出发探求美的本质，首先是对美的本原的回答，美不在客观，也不在主观，而在关系中。劳动实践本身就是一种人与自然的最基本的关系。在这里需要重复说明的是，朱光潜与李泽厚对劳动实践范畴的解读是不同的。朱光潜侧重劳动过程与审美过程中主观与客观关系的同构性，审美和艺术同样是一个实践过程，同样是主观与客观统一的过程，因此，马克思的劳动实践观点，恰好说明了美是诞生于关系中的。而李泽厚则把劳动实践看做是一个客观的物质生产过程，而艺术实践则是一个主观意识的创造过程，它不是马克思所言的实践。在客观的物质生产过程中，主体的"善"得到实现，这种实现是一种识"真"之后的实现。从而，在识"真"之后的"善"的实现过程，也是一个美的创造过程。美是存在于客观的事物中的。

20世纪80年代，以蒋孔阳、周来祥等为代表的一些实践派美学家吸收了朱光潜的关系说，建立了以审美关系为中心的学说体系。蒋孔阳认为："人间之所以有美，以及人们之所以能够欣赏美，就因为人与现实

① 《朱光潜美学文集》第3卷，上海文艺出版社1983年版，第288—289页。
② 同上书，第283页。

之间存在着审美关系。"①美学研究不应仅限于审美关系，但是审美关系应是美学研究的出发点。美学中的一切问题，都应放到人对现实的审美关系当中加以考察。周来祥认为："我们把握美的本质，不能仅从主体入手，也不能仅从客体入手，而必须从主客体之间所形成的特定关系入手。在我看来，人类在长期的社会实践中，与对象世界之间已经建立起了三种主要的关系。在认识活动中，人类主体以'理智'为前提，去把握客观世界的规律性(真)；在实践活动中，人类主体以'意志'为前提，去实现主体世界的目的性(善)；在审美活动中，人类主体以'情感'为前提，去寻求主观世界合目的性与客观世界合规律性的统一(美)。从发生学的角度来讲，由于人与现实的审美关系是建立在认识关系和实践关系之上的，因而可以说社会实践是美的根源。从现象学的角度来讲，由于对象的真、善、美是相对于主体的知、意、情而言的，所以我们又不能仅从对象的性质和仅从审美主体来判定美的本质，而必须在主客体之间所形成的具体的、历史的、特定的关系中来把握美的本质。"②在周来祥看来，劳动实践是美诞生的根源，但是美之为美具有自己的独特的特点，因此，必须从审美关系的角度把握美的本质，也即作为现实的美的对象说，它是由审美对象和审美主体相互对立而形成的审美关系决定的。

三　规律的角度

蔡仪是我国著名的马克思主义美学家，他在新中国成立前出版的《新美学》中已形成了以"典型"概念为核心的美学理论体系。此后，他一生都在坚持自己的观点并努力使之完善，形成了中国当代马克思主义美学发展中独具特色的客观派美学。其"典型"理论一方面来源于马克思和恩格斯的现实主义文艺创作原则，另一方面则来源于《手稿》中的"美的

---

① 蒋孔阳：《美学新论》，人民文学出版社 1993 年版，第 3 页。

② 周来祥：《再论美是和谐》，广西师范大学出版社 1996 年版，第 2—3 页。

规律"理论。早在新中国成立前出版的《新美学》中，他已经引用"美的规律"来论述自己的美学观点了，当时被译为"美的法则"。在纪念蔡仪先生诞辰一百周年的学术研讨会上，胡经之先生曾称赞蔡仪先生为中国美学探索"美的规律"的第一人，我想这个称号是不为过的。① 在美学大讨论中，他开始认识到自己理论存在的不足，并和出版社协商停止再版《新美学》。经过认真研究《手稿》，于新时期之初，他便发表了研究《手稿》的力作——《马克思究竟怎样论美？》，此后又连续发表了研究《手稿》的一系列作品。虽然在整体上他认为《手稿》是马克思不成熟时期的著作，并且带有浓厚的费尔巴哈人本主义色彩，也不赞同实践派美学家从"自然的人化"出发阐述的美学理论，但是他却认为"美的规律"是《手稿》中论述美的最重要文字。在新时期，他通过对"美的规律"的集中论述，重新阐发了他的典型理论。

在美学大讨论中，蔡仪的典型说不但受到朱光潜的反批评，同时还受到了吕荧、李泽厚等人的批评。他们认为，蔡仪的典型是指事物的自然属性，是属于旧唯物主义的，机械的，形而上学的，不能真正解决美的本质问题。蔡仪自己也认识到单纯从典型来解释美的本质问题，容易造成误解，容易把典型理解为事物的属性，虽然二者是根本不同的，"承认客观事物有美的属性，和主张美是事物的属性，两者的意思显然是不一样的"。② 他认为《手稿》中马克思的"美的规律"范畴恰好弥补了典型这一概念的不足，它是对美的本质的科学揭示，"美的规律实际上指的就是美的事物之所以美的本质，换句话说，它也就是对'什么是美'这个美学基本问题的解答。更具体地说，运用美的规律的论点，就能解决美学史上长期探索的究竟什么是事物的美的本质这个难题"。③ 蔡仪

① 师雅惠：《用唯物辩证法阐明美与认识的关系——蔡仪学术思想研讨会综述》，上海社科院社科学报，http://www.sass.org.cn/，2006 年 11 月 24 日。

② 《蔡仪文集》(4)，中国文联出版社 2002 年版，第 145 页。

③ 《蔡仪文集》(9)，中国文联出版社 2002 年版，第 168 页。

认为，美的规律是马克思主义美学的根本论点，它的重要意义在于揭示了美的规律就是美的本质的规律，从而为解决全部美学问题打开了大门。因为所谓规律，指的是客观现实事物本身所固有的本质的、必然的关系，是客观事物间、事物现象间或事物的属性条件间的本质的、必然的关系。这样，美的规律所指的也就不是事物的一般的、广义的关系，而是决定着美的事物与其他事物的区别的某种特殊的关系、某种特殊的本质关系。然而，美的规律作为规律又具有共同的根本性质，具有首先不依赖于人的意志和意识的客观性。任何事物不仅其外部现象、属性、条件是客观的，就是其内部的本质、规律和必然联系也都是客观的。美的规律如同一切规律一样，是现实事物本身所具有的，它客观地存在于现实之中。"由此可见，马克思关于美的规律这个重要的论断，一方面牢固地坚持了唯物主义的路线，却又比以前的唯物主义如狄德罗的'是关系'定义更为深刻和确定；另一方面，在贯彻和运用辩证法的原则的同时，又从根本上堵塞了通向任何唯心主义的道路。"①在蔡仪看来，既然规律是事物的本质联系，那么，美的规律则是美的事物的本质特征，也即美的本质。因此，"美的规律就是典型的规律，美的法则就是典型的法则"。②

蔡仪通过对美的规律的阐述，使美的规律与典型说在内涵上实现了沟通，不但进一步完善了其典型说，同时也为典型说寻找到了新的理论根基。列宁认为："规律是事物的本质现象。"③规律是事物的本质联系，美的规律也是美的事物的本质规律，也即美的本质。从规律的角度阐发美的本质，特别是《手稿》从劳动实践的生产规律的角度阐发美的规律，使美的本质探讨摆脱了抽象的形而上学的探讨，为美的本质研究提供了一种新的思考方式。虽然美的规律与蔡仪的典型并非如他所言是完全相

---

① 《蔡仪文集》(9)，中国文联出版社 2002 年版，第 170 页。

② 《蔡仪文集》(4)，中国文联出版社 2002 年版，第 151 页。

③ 列宁：《哲学笔记》，人民出版社 1974 年版，第 159 页。

同的，但是，蔡仪紧紧抓住美的规律这一范畴，不但为其典型说找到了理论根基，也为中国当代马克思主义美学的美的本质探讨提供了一种新的角度和思路。相对于根源的角度、关系的角度，规律的角度不但是对美的本原的回答，还是对美本身的回答。因为规律本身是客观的，又是事物的本质联系。其中既包含着美在哪儿的本原的规定，又有美的本质的规定。因此，它不但是客观派美学探究美的本质的重要角度，也是其他学派探究美的本质问题的重要路径。

主客观统一派朱光潜在 20 世纪 60 年代和 20 世纪 80 年代都对《手稿》中的美的规律作出过重要阐发。他认为："'人还按照美的规律来制造'句说明了人的作品，无论是物质生产还是精神生产方面的，都与美有联系，而美也有'美的规律'。"①这美的规律的内涵，应是作为主体人的需要的尺度与客体尺度的统一，这恰好证明了美的关系性，美是主客观统一的观点。实践派美学家也认为，美的规律是马克思对美的本质规律的揭示。刘纲纪认为："马克思是从人类历史发展的广阔的视野内来观察美的规律的。他所说的美的规律，指的是从根本上决定着一切美的现象的本质的规律，不同于我们一般所理解的使某一事物成为美的那些较为具体的规律。"②杨恩寰认为："美的本质与美的规律是同一的概念，或同等程度的概念。"③朱立元也认为："何为美的规律？我想，应该是事物（包括人）何以成为美的事物，何以具有审美特性，何以成为审美的对象规律。"④实践派美学一方面从劳动实践的角度探究美的本质的根源，另一方面并没有放弃对美的本质本体的追问，他们通过从美的规律的阐发进一步回答了美的本质的本体。但是，他们在对美的规律的内涵

---

① 程代熙主编：《马克思〈手稿〉中的美学问题》，陕西人民出版社 1983 年版，第 52 页。

② 刘纲纪：《美学与哲学》，湖北人民出版社 1986 年版，第 54 页。

③ 杨恩寰主编：《美学引论》，人民出版社 2005 年版，第 152 页。

④ 朱立元：《对美的规律的几点思考——向陆梅林先生请教》，《学术月刊》1997年第 12 期。

的理解上，是与客观派不同的，客观派把美的规律作为一种客观存在的自然规律，而实践派则认为美的规律是一种劳动实践过程中的生产规律。关于这一点，我们在第三章中已经论述过了，这里就不再赘述了。

第二节　美感问题

美感与美是密切相关联的，对美的认识直接决定着对美感的认识。《手稿》从劳动实践的角度，不但论述了美的创造，还论述了人的感觉器官的生成、美感的诞生等丰富的美感理论，为中国当代马克思主义美学的美感问题的研究提供了丰富的理论资源。人们在吸收《手稿》理论的过程中，形成了两种不同的研究思路。

一　根源的角度

李泽厚是由美感问题介入美学研究的。在 20 世纪五六十年代，美感问题可以说是一个"禁区"，在当时的时代环境中从美感开始研究美学问题意味着就是一种唯心主义，从这一点来说，这是需要极大的勇气和理论自信力的。李泽厚认为，虽然问题的提问方式本身在一定程度上可以反映一定的美学思想，但是"主要却在于如何回答问题、如何分析解决问题"。[①] 唯心主义和唯物主义可以提出同样的美学问题，但是解答问题的方式却可以是完全不同的，美感就是其中之一。美感作为人类最普遍的现象，我们不可能回避，也不应回避。在美感现象中，存在诸多复杂丰富的矛盾现象，在这些矛盾中恰恰包含着美学这门学科的所有秘密，而如何揭开这些矛盾是解答美学问题的关键所在。

在美感的诸多矛盾之中，最基本的矛盾是美感的矛盾二重性，"简

---

① 李泽厚：《美学论集》，上海文艺出版社 1980 年版，第 4 页。

单说来，就是美感的个人心理的主观直觉性质和社会生活的客观功利性质，即主观直觉性和客观功利性"。① 美感的直觉性作为一种审美现象是确实存在的，"在事实上，美感的确经常是在这样一种直觉的形式中呈现出来，在这美感直觉中的确也常常并没有什么实用的、功利的、道德的种种个人的自觉的逻辑思考在内。一个人欣赏梅花的时候，他的确并不一定会想到这种欣赏有什么社会意义或价值；古代人们看《红楼梦》也说不出或不能明确、自觉地意识到这部作品的伟大的反封建的主题思想，但总觉得它很美，觉得从其中能获得巨大的美感享受，能激动自己的心弦，提高自己的精神"。② 那么，是否真的在审美直觉中如一些美学家所说的完全超脱功利、独立自足、孤立绝缘呢？实则不然，在这种表面的无功利的直觉中，已包含了极为丰富的社会生活内容，包含了我们对这种生活的了解和认识。"我们所以能欣赏一株梅花，我们所以能从观赏梅花或梅花画中得到一种刚强高洁的美感享受，绝不是因为我们仅仅对这株梅花本身有一种'孤立绝缘'的神秘'知识'，恰恰相反，而正是因为我们在生活中对梅花与其他事物的关系、联系的认识不自觉地形成了获得了十分牢靠丰富的知识。没有社会生活内容的梅花是不能成为美感直觉的对象的。"③这就是美感的矛盾二重性，美感的表面的直觉性中包含着深厚的社会内容。它们是相互依存的，却又是相互矛盾、对立统一的，前者是其表现形式、外貌、现象，后者则是其存在的实质、基础、内容。那么，究竟如何解释这一现象呢？它是如何产生的呢？

以蔡仪为代表的客观派和以朱光潜的前期思想为代表的主观唯心主义美学观都是不能真正正确解释这一现象的。蔡仪按照唯物主义认识论（反映论）把美和美感严格区分开来，把美学的研究对象主要限定在"美的存在"领域，在使美获得孤立的同时，也孤立了美感，最终使美感单

---

① 李泽厚：《美学论集》，上海文艺出版社 1980 年版，第 4 页。
② 同上书，第 5 页。
③ 同上书，第 8 页。

纯成为对美的反映、对美的认识，"我认为美感的发生，是由于事物的美或其摹写和美的观念适合一致。而这所谓美的观念，又不是观念论的美学家或艺术理论家一样认为是根源于最高理念或绝对精神；相反地，它是根源于客观事物。换句话说，它是客观事物的摹写，也就是对于现实的认识"。① 把审美等同于认识，既不能说明审美的直觉性，也不能说明审美的深层功利性。朱光潜虽然看到美感的直觉性，但是把它孤立起来，抹杀了其深层的功利性，陷入了主观唯心主义。李泽厚认为，美感的矛盾二重性的原因表现为两个，一是美感是美的反映，这种矛盾存在于美的事物中，二是审美感官的社会性，但这两者的最终根源都在于马克思所言的"自然的人化"。通过"自然的人化"，美成为人化的自然、社会性的存在，而人的感官也实现了社会化的器官，"人类在改造世界的同时也就改造了自己。人类灵敏的五官感觉是在这个社会生活的实践斗争中才不断地发展、精细起来，使它们由一种生理的器官发展形成一种人类所独有的'文化器官'"。② 由于时代的原因，在 20 世纪五六十年代李泽厚重点是说明美的矛盾二重性——社会性与客观性，而对美感的矛盾二重性并没有做更深入的研究。

新时期之后，随着思想解放运动的深入，他才开始真正转向了对美感——内在自然人化的研究。1984 年，在一次美学讲演中他首次提出建立"新感性"理论，也即他的美感理论，包含两方面的内容，感官的人化和情欲的人化。感官的人化，"从哲学上讲，就是马克思讲的感性的功利性的消失，或者说感性的非功利性的呈现，我认为这是马克思在《手稿》中的一个很深刻的思想，他十分强调人的感觉和需要与动物不同。动物的感官完全是功利性的，只是为了自己的生理性的生存。人的感官虽然是个体的，受生理欲望支配，但经过长期的'人化'，逐渐失去

---

① 《蔡仪文集》(1)，中国文联出版社 2002 年版，第 281 页。
② 李泽厚：《美学论集》，上海文艺出版社 1980 年版，第 13 页。

了非常狭窄的维持生理生存的功利性质，再也不仅仅是为了个体的生理生存的器官，而成为一种社会性的东西，这也就是感性的社会性"。①也即在李泽厚看来，人是从动物中来的，因此，在未进化为人之前的人的感官与动物的感官是完全功利的，受生理欲望的支配的，甚至比人的感官在某些方面具有更高的能力，但是，在人的劳动实践中，感官逐渐人化了，社会化了，直接的功利性逐渐隐匿，超功利性呈现，从而使人的感官成为一种社会性的感官。情欲的人化，"这是对人的动物性的生理情欲的塑造或陶冶，与人是具有感性欲望的个体存在的关系极为密切。人有'七情六欲'，这是维持人的生存的一个基本方面，它的自然性很强。这些自然性的东西怎样获得它的社会性？例如'性'如何变成'爱'？性作为一种欲望要求，是动物的本能，人作为动物存在，也有和动物一样的性要求。但是动物只有性，没有爱，由性变成爱却是人所独有的"。② 在李泽厚看来，人的欲望是与动物相似的，但人作为人经历一个人化、社会化的过程，在这一过程中，直接的功利性隐匿，而超功利性呈现，使人的欲望呈现为人所独有的精神需求。概而言之，也即通过社会实践，社会的、理性的、历史的东西累积沉淀成了一种个体的、感性的、直观的东西，李泽厚把这一过程称为"积淀"。一句话，美感就是内在自然的人化，它包含着两重性，一方面是感性的、直觉的、超功利的；另一方面又是超感性的、理性的、具有功利性的。

可以看出，作为实践派美学的领军人物李泽厚对美感问题的探讨思路与其对美的本质探讨的思路是相同的，都是从根源的角度探究的，其理论来源也都是《手稿》中的"自然的人化"理论。马克思在《手稿》中通过劳动实践说明了人的感官包括美感能力的形成过程，从而摆脱了费尔巴哈式的生理的感官，而使感官人化、社会化了。实践派美学家通过阐述

---

① 李泽厚：《美学三书》，安徽文艺出版社 1999 年版，第 513 页。
② 同上书，第 514—515 页。

《手稿》中的感官形成理论，为美感研究提供了一种新的研究思路，它既不同于机械反映论单纯把人的感官作为"白板"说法，也不同于把美感等同于主观意识的理论，而是通过人的感官的形成过程，从美感产生根源的角度，为美感的心理结构提供了深厚的哲学基础、文化基础和生理基础。实践派其他美学家大都是赞同这一观点的，比如刘纲纪、陈望衡、王向峰等等。

二　关系的角度

朱光潜在其《文艺心理学》中开篇讲到："近代美学所侧重的问题是：'在美感经验中我们的心理活动是什么样？'至于一般人所喜欢问的'什么样的事物才能算是美'的问题还在其次。这第二个问题也并非不重要，不过要解决它，必先解决第一个问题；因为事物能引起美感经验才能算是美，我们必先知道怎样的经验是美感的，然后才能决定怎样的事物所引起的经验是美感的。"[①]可以看出，美感经验是他研究美学的切入点，也是他美学研究的重心。虽然他的美学观点在前后期有所变化，但是美感这一研究重心却始终是没有变化的，一直是他理解美学问题的出发点。

在美学大讨论中，他首篇为自己辩护的文章《美学怎样才能既是唯物的又是辩证的》仍然是从美感出发来立论的。他认为，蔡仪观点的错误在于割裂了美感与美的关系，虽然承认了美感来源于美，但是否认了美感同样是可以影响美的。在哲学根基上，他"只抓住了'存在决定意识'一点，没有足够地重视'意识也可以影响存在'，没有足够地估计世界观，阶级意识等等对审美与艺术创造的作用，没有足够地体会马克思在《政治经济学批判》里把'美感的'（在一般译本中作'艺术的'）形式和法律、政治、宗教等并列为社会意识形态时所暗示的一个真理：美感和艺

---

① 朱光潜：《朱光潜全集》第 1 卷，安徽教育出版社 1987 年版，第 205 页。

美学传统的形成与突破

术不仅是自然现象，而有它的社会性，所以它的活动不同于自然科学的活动"。① 在美学理论上，"没有认清美感的对象，没有在'物'与'物的形象'之中见出分别，没有认出美感的对象是'物的形象'而不是'物'本身"。② 事实上，客观存在的物和美感中的物的形象是不同的，据此，朱光潜提出著名的"物甲"、"物乙"理论，认为："'物的形象'是'物'在人的既定的主观条件（如意识形态，情趣等）的影响下反映于人的意识的结果，所以只是一种知识形式。在这个反映关系上，物是第一性的，物的形象是第二性的。但是这'物的形象'在形成之中就成了认识的对象，就其为对象来说，它也可以叫做'物'，不过这个'物'（姑简称物乙）不同于原来产生的形象的那个'物'（姑简称物甲），物甲是自然物，物乙是自然物的客观条件加上人的主观条件的影响而产生的，所以已经不纯是自然物，而是夹杂着人的主观的成分的物，换句话说，已经是社会的物了。"③ 从朱光潜的论述来看，他所谓的"物乙"，在某种程度上仍然是他前期思想中的美感——"直觉的形象"。也正因为此，蔡仪、李泽厚等认为，朱光潜的思想并没有发生变化。李泽厚则一针见血地指出："这种说法与朱光潜过去的说法基本上没有什么不同。朱光潜过去曾指出'美是心借物的形象来表现情趣……凡美都要经过心灵的创造'的理论，认为美固然需要客观外界的物质'材料'，但这些'材料'所以是美，则是人的主观直觉'创造''表现'的结果，是'心'把自己的情趣'抒发''传达'给'物'的结果。所以，朱光潜在这里的主要错误，过去在于现在就仍然在于取消了美的主观性，而在主观的美感中建立美，把客观的美等同于、从属于主观的美感，把美看做是美感的结果、美感的产物。在文章中，朱光潜虽然提出了'美'和'美感'的两个概念，但却始终没有区分和论证两者作为反映和被反映者的主、客观性质的根本不同；恰好相反，朱光

---

① 《朱光潜美学文集》第 3 卷，上海文艺出版社 1983 年版，第 34 页。

② 同上。

③ 同上。

潜处处混淆了它们，处处把依存于人类意识的美感的主观性看做是美的所谓'主观性'，把美感和作为美感的对象的美混为一谈。"①这恰恰点到了朱光潜美学观点的核心，他始终是从美感问题出发思考美学问题的，在他那里，美、美感在某种程度上是一个概念。他在《论美是客观与主观的统一》中认为："美感活动阶段是艺术之所以为艺术的阶段，所以应该是美学研究的中心对象。"②从其为美和美感所下的两个定义来看，也可以看出美和美感在他那里是不分的，"美是客观方面某些事物、性质和形状适合主观方面意识形态，可以交融在一起而成为一个完整形象的那种特质"。"所谓美感就是发现客观方面某些事物、性质和形状适合主观方面意识形态，可以交融在一起而成为一个完整形象的那种快感。"③

　　虽然在研究重心上朱光潜前后思想之间没有什么变化，但是他对美感的观点却发生了重要变迁。在其《文艺心理学》中，他继承他老师克罗齐的思想形成了"形象的直觉"为核心的美感理论。根据西方近代哲学家对认识的分析，他把人的认识形式分为三种：最简单最原始的"知"是直觉(intuition)，其次是知觉(perception)，最后是概念(conception)。直觉的对象只是事物的一种很混沌的形象(form)，不能有什么意义(meaning)。这种见形象不见意义的"知"就是"直觉"，也即美感经验。他这种对美感的分析是认识论的，把美感看做是一种直觉的认识。而他后期思想特别是在吸收了《手稿》中的劳动实践理论之后，则走向了实践论。自从《论美是客观与主观的统一》中他就提出美不仅仅是认识论的，还应包含意识形态论和生产劳动原则的，到《生产劳动与人对世界的艺术掌握》中则明确把美和美感看做是实践的，此时的美感理论已不再是形象的直觉，而是劳动创造的快乐了。"人为什么感觉到自然美？马克思曾经反复说明过，这首先是由于人借生产劳动征服了和改造了自然，

美学传统的形成与突破

———————————

①　李泽厚：《美学论集》，上海文艺出版社1980年版，第53—54页。

②　《朱光潜美学文集》第3卷，上海文艺出版社1983年版，第69页。

③　同上书，第71—72页。

原来生糙的自然就变成了'人化的自然'，它体现了人的'本质力量'，满足了人的理想和要求，人在它身上看到他自己的劳动的胜利果实，所以感觉到快慰，发现他美。这是最原始的也是最本质的美感经验。"①在他交底的文章《美学中的唯物主义与唯心主义之争》中更是明确地区分两者的区别，"直观观点与实践观点的基本分别在于前者是从单纯认识活动来看美学问题，而后者则是从认识与实践的统一而实践为基础的原则来看美学问题的。苏联美学史家阿斯木斯把直观观点叫做'消费者'的观点，实践观点叫做'生产者'的观点。我们也可以说，前者是旁观者的观点，后者则是参加实际斗争的创造者的观点；前者把美的对象看作与自己对立的静止的只是认识的形象，加以观照和享受；后者则把审美的或艺术的活动看作人改变世界从而改变自己或'实现自我'的一种创造的活动，看作整个社会和每个人的生命脉搏的跳动，看作人生的第一需要"。② 在这种对比中，不但明晰了两种观点的差异，也明晰了朱光潜在美感认识上从认识论到实践论的转变。但是，他一直是在关系中探讨美感问题的，这是他不变的学术立场，只不过此时的关系不再是直观的认识关系，而是艺术实践的关系。相对于根源的探究角度，关系的角度更强调人不可能离开审美的具体过程，在这种活动之外去寻找美感的起源。美感只能发生在具体的审美过程中，它既离不开作为审美主体的人，也离不开作为审美客体的物。

实践派美学中的审美关系论者在美感的研究上也是从关系的角度进行研究的，当然他同样就审美感官的形成而言是根源性的，是在实践中形成的。蒋孔阳认为，美感的诞生不是从美开始的，美与美感，"他们二者相互循环，我们很难说，有了美就产生了美感。因此，从哲学的认识论和思维的逻辑顺序来说，是先有存在后有思维，先有物质后有意

---

① 《朱光潜美学文集》第 3 卷，上海文艺出版社 1983 年版，第 316—317 页。

② 同上书，第 368 页。

识，先有美后有美感；但从生活和历史的实践来说，我们却很难确定先有那么一个形而上学的，与人的主体无关的美的存在，然后再由人去感受和欣赏它，再由美产生出美感来。我们只能说：美和美感都是由人类社会实践的产物。在实践的过程中，它们像火与光一样，同时诞生，同时存在"。① 周来祥也认为："美感属于情感心理范畴。审美意识的具体的感性形态，主要是审美情感，或简称美感。美感是对客体对象的一种情感体验，欣赏艺术或自然时经常感到的那种喜悦、愉悦之情。情感不同于理智和意志，而是理智和意志之间关系的产物。情感体验是主体对客体能否满足或适合自己需要和要求的一种反映，是一种主客体关系的反映。"②

第三节　艺术本质

艺术美是现实美的集中体现，因此，艺术历来是美学研究的重要组成部分，对美的本质的认识也直接关系着对艺术本质的理解。在中国当代马克思主义美学的发展中，由于人们对美的本质的认识存在着纷争，因此，对艺术本质的理解也存在着差异。人们在吸收《手稿》理论资源的过程中，在艺术本质理论的理解上形成了两种认识思路。

一　主体创造论

朱光潜不但一直把美和艺术联系起来研究美学问题，并且艺术始终是他美学研究的主要对象。他在新中国成立前出版的美学代表作《文艺心理学》不用传统的"美学"命名，而取"文艺"心理学，从中可见一斑。

---

① 蒋孔阳：《美学新论》，人民文学出版社 1993 年版，第 251—252 页。
② 周来祥：《论美是和谐》，贵州人民出版社 1984 年版，第 307 页。

在美学大讨论中，从他与李泽厚、洪毅然等的论争来看，他仍然坚持认为艺术是美学研究的主要对象，研究美学问题不能脱离开艺术来谈，比如，在《美必然是意识形态性的》中，朱光潜认为："美是文艺的一种特性。既然承认了这一点，就得承认研究美，就不能脱离艺术来研究。"①新中国成立前，由于受其美学观点的影响，他认为艺术的特质是美，也即"形象的直觉"。新中国成立后，在学习马克思主义理论的过程中，他认识到艺术与自己一贯排斥的生产劳动并非水火不容，反而具有相似性。他从马克思主义的艺术是一种生产劳动的基本原则和《手稿》中的劳动实践理论出发，认为艺术不再是形象的直观，而是一种劳动创造的结果，在劳动创造中包含着美和艺术的萌芽。"无论是劳动创造，还是艺术创造，基本原则都只有一个：'自然的人化'或'人的本质力量的对象化'。基本的感受也只有一种：认识到对象是自己的'作品'，体现了人作为社会人的本质，见出了人的'本质力量'，因而感到喜悦和快慰。""劳动生产是人对世界的实践精神的掌握，同时也就是人对世界的艺术的掌握。"②他在否定自己前期观点的同时，也对当时权威的反映论观点提出了大胆质疑。"这些年来很有一部分美学家对于马克思主义美学观点作了片面的理解，单提'艺术是现实的反映'而不提艺术是人对现实的一种掌握方式，侧重艺术的认识的意义而忽视艺术的实践意义。这就是仍旧停留在美学的直观观点。"③在他看来，真正解答艺术的本质，必然是马克思的实践的观点，因为艺术是一种劳动的创造，而不是单纯的反映。在当时的时代环境中，提出这样的观点无疑是十分超前的。

新时期，人们在思想解放运动的推动下，长久压抑的人性得到解放，异化和人道主义大讨论波及全国。在美学研究中，人们开始对忽视作家主体地位的机械反映论进行反思。20 世纪 80 年代初，蒋孔阳发表《美和

---

① 《朱光潜美学文集》第 3 卷，上海文艺出版社 1983 年版，第 99 页。

② 同上书，第 290 页。

③ 同上书，第 308 页。

美的创造》，首先对艺术家创造的主体性进行了论述，初步阐述了其"创造说"的美学思想。在美学的研究对象上，他也认为，美学应当以艺术作为主要的研究对象，因为自然的美、社会生活的美、心灵的美以及思想情感的美，无不集中反映到艺术中。创造美和创造艺术的规律基本上是一致的，美的本质和艺术的本质也基本上是一致的，但是，艺术和美又有所不同。艺术的美不在于它所反映的生活是否直接是美的，而在于它是怎样反映的，生活中的美可以成为艺术的对象，生活中的丑同样也可以成为艺术反映的对象，艺术美之为美的关键不是它所反映的对象是否是美的，而在于创造美的艺术形象。"那么，艺术家究竟根据什么原则，来创造美的艺术形象，也就是艺术的美呢？我们说，艺术创作的根本特点是独创性，不同的艺术家按照不同的方式来塑造艺术形象，从而形成了不同的流派和风格。艺术上的民主，绝不是少数服从多数，大家按照同样的原则和标准来进行创作；而是要高度地尊重艺术家的独创性，不仅要允许而且要鼓励艺术家自辟蹊径，去走自己与众不同的路。然而，独创性不等于主观的任意性，自由来自于对于必然的认识，独创性也来自于对于艺术规律的掌握。"[1]在这里，蒋孔阳突出强调了艺术的创造性的一面，艺术不单单是对生活的反映，还是作家主体的创造。他认为，艺术创造不单单是反映客观世界的问题，还是一个作家主观的精神世界的问题。艺术家"灵魂有多少深度，是美是丑，这就决定了他们所反映的生活的深度和广度，决定了他们所塑造的艺术形象的美学意义和价值。同样是写科举，《儿女英雄传》把腐朽的科举当成人生最大的幸福来描写，而《儒林外史》则绘声绘影地描写了科举制度在整个社会中的腐蚀作用，从而深刻地揭示了科举制度的反动本质。这里的高低美丑，马上就判然分明了"。[2] 在新时期之初，他不但提出了美在创造中，并且在艺术的理

美学传统的形成与突破

---

① 蒋孔阳：《美在创造中》，广西师范大学出版社 1997 年版，第 18—19 页。

② 同上书，第 21 页。

论上突出地强调了艺术家作为主体的主观世界的独创性，不论对机械反映论的反思还是对思想解放的意义而言都具有重要的价值。

随着思想解放运动和"美学热"研究的深入，人们越来越对机械反映论的艺术观表现出不满，试图寻求新的艺术阐释模式，艺术的主体性问题日渐突出。1985 年 7 月，刘再复在《文汇报》发表了《文学研究应以人为思维中心》，简略地提出了文学主体性问题。他认为，我们过去的文艺科学中，发生了客体绝对的倾斜，为了保持研究立场的必要的张力，我们必须加强主体作用的研究，使研究重心从客体向主体移动。接着，刘再复又在 1985 年第 6 期和 1986 年第 1 期的《文学评论》上连载长文《论文学的主体性》，系统地阐发了他的文学主体性思想，引起了全国范围内关于主体性的讨论。刘再复认为，主体是在实践中建立起来的概念。人既是主体，又是客体，人作为存在是客体，而人在实践中、在行动时是主体。人具有二重性，一是受动性，一是主动性。人作为存在受一定的自然关系和社会关系的制约，这就是人的受动性；而当人作为行动着的实践中的主体时，则表现出按照自己的意志、能力、创造来支配外部世界的能动性。强调主体性，即是"强调人的能动性，强调人的意志、能力、创造性，强调人的力量，强调主体结构在历史运动中的地位和价值。文学的主体原则，就是要求在文学活动中不能仅仅把人（包括作家、描写对象和读者）看成客体，而要尊重人的主体价值，发挥人的主体力量，在文学活动的各个环节中，恢复人的主体地位，以人为中心，为目的"。①刘再复把主体性分为三重，即作家创造主体、描写对象的主体以及作为读者接受的主体。在他看来，文学艺术不是机械的反映，它是以人为中心的、为目的的，包括作家、描写的对象、读者在内的三者都应是有血有肉的人，都应具有主体的地位，都不是被动的。

刘再复的主体性概念来自李泽厚在 20 世纪 70 年代末 80 年代初提

---

① 刘再复：《文学的反思》，人民文学出版社 1986 年版，第 54 页。

出的主体性实践哲学，但与之又有所不同。李泽厚强调作为结构的主体性，即人类主体性，而刘再复则更强调个体的主体性。刘再复认为人作为主体包含两重含义："首先是实践主体，其次人又是精神主体。所谓实践主体，指的是人在实践过程中，与实践对象建立主客体的关系，人作为主体而存在，是按照自己的方式去行动的，这时人是实践主体；所谓精神主体，指的是人在认识过程中与认识对象建立的主客体关系，人作为主体而存在，是按照自己的方式去思考、去认识的，这时人是精神主体。"①在这两重主体性中，他更强调的是人的精神的主体性。与此同时，在突出强调精神主体的时候，不免有滑向主观唯心主义的危险，也正因此，在新时期关于艺术的主体性问题引起了广泛的争论。

长期以来，机械反映论在文学艺术理论中的地位根深蒂固，最终造成艺术理论的僵化、文艺创作的枯萎。艺术的主体性问题在新时期艺术理论中之所以受到重视，不仅是因为它适合了时代的发展，重要的是他改变了艺术观念的哲学基点。从认识论到主体论，这无疑是对认识论（反映论）艺术观的重大突破和改写，尽管对主体性概念的理解上存在着混乱和矛盾，但是实际上形成了新时期艺术观念变革的重要起点。从朱光潜的劳动创造论到蒋孔阳的作者主体的创造性，再到刘再复的主体性，在理论的基点上，都来源于《手稿》中的劳动实践思想。他们都从艺术的创造性着手，认为艺术不单单是认识，还是创造，主体在艺术创造中起着非常重要的作用，这种认识方式构成了中国当代马克思主义美学发展中艺术本质的主体创造论研究角度的发展线索。

二 审美本质论

李泽厚对艺术本质特征的把握是通过对艺术创造的心理规律——形象思维的论述来体现的，就此，他前后写过五篇专门的研究文章。其

---

① 刘再复：《文学的反思》，人民文学出版社 1986 年版，第 55 页。

中，1979 年写成的《形象思维再续谈》反映了他比较成熟的看法。关于形象思维，有两种观点，一是"否定说"，认为根本不存在形象思维这一思维方式，二是"平行说"，认为形象思维与逻辑思维是并列的思维方式。对这两种观点，李泽厚都不赞同，他认为，所谓形象思维中的"思维"，是对思维的一种广义用法，因为狭义的思维就是指逻辑思维，因此严格说来，形象思维并非是一种独立的思维方式，它只不过是一种比喻的说法，正如"机器人并非人"一样。因此，"我理解的艺术创作中的'形象思维'，与'否定说'、'平行说'不同，并不认为是独立的思维方式，而认为它即是艺术想象，是包含想象、情感、理解、感知等多种心理因素、心理功能的有机综合体。其中确乎包含有思维——理解的因素，但不能归结为、等同于思维"。[1] 根据形象思维这一界定，他接下来论述了艺术的（形象思维）三方面的特征：首先，艺术不只是认识。形象思维具有思维的特征，但不等于思维，艺术包含认识，但不等于认识，它是人对世界的一种掌握方式。其次，艺术的情感逻辑。形象思维如果说有自身的逻辑规律的话，那么它也"以情感为中介，本质化与个性化同时进行"[2]情感的逻辑。情感是艺术的重要特征，这是我们过去所忽视的，"艺术如果没有情感，就不成其为艺术。我们只讲艺术的特征是形象性，其实，情感性比形象性对艺术来说更为重要。艺术的情感性常常是艺术生命之所在"。[3] 第三，艺术创作的非自觉性，形象思维在广泛的意义上是以理性为基础的，但是，一旦进入创作过程，它便会遵循自身的逻辑，具有非自觉性。李泽厚对艺术这三方面特征的论述，深刻地揭示了艺术的审美心理的特征，虽然他还没有明确地提出艺术的审美本质，却通过对形象思维特征的论述初步阐述了艺术的审美特性，成为我国新时期艺术审美本质认识的先声。

---

① 李泽厚：《美学论集》，上海文艺出版社 1980 年版，第 558 页。

② 同上书，第 563 页。

③ 同上。

新时期在对机械反映论反思的过程中，较早提出艺术审美本质论的是童庆炳。他在 1981 年发表的《关于文学特征问题的思考》中针对传统的形象性的艺术本质特征提出质疑，他认为根据内容与形式的统一这一辩证唯物主义原理，决定事物特征的应该是内容，而不是形式。因此，文学的本质特征不是我们传统上所认为的形象性，而是文学所反映的内容特征。1983 年，他在《文学与审美——关于文学本质问题的一点浅见》中继续发挥了这一观点，同时进一步认为，单纯从内容界定艺术本质，还是不明确的，必须引进"审美"这一范畴。"文学是社会生活的反映"，这种提法本身是符合马克思主义反映论原理的，但是，它只是回答了文学的本质的第一个层次的问题，说明了文学产生的根源，但是文学作为艺术的本质特征在这一提法中是不能揭示出来的。文学的本质特征不但体现在所反映的内容上，同时还体现在反映的方式上。对反映内容而言，文学所反映的对象世界是其审美价值，而不是其他价值。"艺术（包括文学）面对着客观事物的自然属性和价值系统，它的对象是什么呢？它的对象不是客体的单纯的自然属性，否则艺术就将变成生物、物理原理的图解；它的对象也不是客体的单纯的实用价值，否则艺术就将变成物品的使用说明；它的对象也不是客体的单纯的认识价值，否则艺术就将变成通俗化的哲学讲义；它的对象也不是客体的单纯的政治价值，否则艺术就将变成方针政策条文的解说；它的对象也不是客体的单纯的宗教价值，否则艺术就将变成教义的形象调解；它的对象必须而且只能是客体的审美价值。"[①]他借鉴了苏联审美派的价值论观点，认为，人与对象之间的关系是一种价值关系，而艺术家与对象之间所形成的关系是一种审美关系，所反映的对象的价值也是其审美价值。对审美对象而言，在审美关系中，对象体现为审美价值；对审美主体而言，是一种审美的反映，是一种审美的把握方式，也即是一种情感的把握方式。

---

① 童庆炳：《文学审美特征论》，华中师范大学出版社 2000 年版，第 28—29 页。

"所谓创作主体的审美把握，就是创作主体的感知、表象、想象、理解和情感的自由融合的心理过程。对于美的创造来说，感知、表象是出发点，想象是基本途径。理解是透视力，而情感作为一种自由的元素与上述各种心理功能的融合，是美的发现力。因此，情感的介入与否和介入的程度，是创作主体审美把握的关键。从一定意义上看，我们简直可以这样说，创作主体的审美把握，就是情感把握。当然作家对现实的把握，是一种极其复杂的心理过程，这一过程的奥秘至今还远远没有被精确地揭示出来，还有待更深入地研究。"[①]既然文学所反映的对象、内容是现实的审美价值属性，作家把握现实的方式又是审美的方式，文学就是对现实生活审美价值属性的审美把握的结果，那么，其特质就不能不是审美。诚然，文学作为一种意识形态包括了巨大的认识因素，但构成文学的充分而必要的条件，则不是认识而是审美。

同期，钱中文也认为，文学的本质是审美的，文学的反映是一种审美反映，并提出新的文学本质的定义——文学是审美意识形态，他结合现代主义艺术对审美与反映之间的关系以及审美心理结构作出了深入分析。1986 年，他在《最具体的最主观的是最丰富的——审美反映的创造性本质》中首先区分了一般反映论与机械反映论，认为二者是不可混同的。反映论作为马克思主义原理，是文学本质的最一般的原理，但是它只是揭示了文学反映的哲学属性，并不能揭示出文学的独特属性。文学的反映论是一种审美反映论，"文学的反映是一种特殊的反映——审美反映，由于其自身的特殊性，较之反映论原理的内涵，丰富得不可比拟。反映论所说的反映，是一种二重的、曲折的反映，是一种可以使幻想脱离现实的反映，是一种有关主体能动性原则的说明。审美反映则涉及具体的人的精神心理的各个方面，他的潜在的动力，隐伏意识的种种形态，能动的主体在这里复杂多样，而且充满着种种创造活力，这是一

---

① 童庆炳：《文学审美特征论》，华中师范大学出版社 2000 年版，第 43 页。

个无所不能的精灵"。① 审美反映的对象是不同的，反映的方式是不同的，但是审美反映的最终动力是审美的心理结构。"从审美反映中现实形态的变异来看，主体具有改造客体的创造能力。但是这种主体的创造精神来自何处？它来源于主体对世界的具体感受、感知与感动，这是进入审美反映、艺术实践的真正出发点。审美反映必须以主体的表现为主导，才能构成自身。"②1987 年，他在《文学是审美意识形态》中更突出了审美的心理结构和艺术家的主体反映的主体性。他认为："重视现实生活只是解决了文学创作的源泉问题，创作的出发点问题，而同样重要的是那种具有独特的审美感觉、审美能力的创作主体，对于具有审美特征的现实的那种有所发现的感受和认识。"③在钱中文看来，反映是艺术的最一般的哲学原则，也是艺术最基本的原则，但是在受客观世界制约的前提下，主体的审美创造能力对艺术而言是必要的，也是艺术成为艺术的本质特征。

机械反映论的艺术本质观，不但不能说明艺术作为艺术的本质特征，同时把艺术本质等同于认识，认为艺术是对客观世界的简单模仿、再现，从而忽视了主体反映的心理过程的探究。强调艺术的审美本质，它不单单是形式的，还是内容的，更主要还是主体的。它表现为三个方面的内涵，一是所反映的对象，二是作为艺术家的主体，三是艺术作品本身。其中，审美本质论的核心是艺术家的审美心理反映结构。从李泽厚的形象思维特征的分析，到童庆炳的审美价值关系的探讨，再到钱中文的审美主体的心理结构的研究，他们强调的核心是主体的反映心理特征是审美的，或者说是情感的。只有主体具有审美的心理结构，对象的审美价值才能为主体所呈现，作品中的审美价值才得以表现，而主体审

① 钱中文：《新理性精神文学论》，华中师范大学出版社 2000 年版，第 157－158 页。

② 同上书，第 174 页。

③ 同上书，第 129 页。

美学传统的形成与突破

美心理结构的形成是社会实践的结果，也是在这里他们不约而同地从《手稿》中的美感形成的理论中吸收了理论资源。我们也是从这一意义上说，《手稿》影响了中国当代马克思主义美学中艺术本质理论的审美本质的研究角度。

第五章　《手稿》与中国当代马克思主义美学的未来走向

　　进入 20 世纪 90 年代以来，在市场经济大潮的冲击下，美学研究逐渐失去了往日的光环。当人们冷静下来开始思考中国当代马克思主义美学的学科建设和发展的时候，其内在的理论缺陷也逐渐暴露出来，中国当代马克思主义美学面临着进一步发展的困境。人们在反思困境的同时，也开始了新的学术探索。但在研究发展过程当中，取得一定成果并具一定影响的，是围绕对"实践美学"的反思而提出来的"后实践美学研究"、"审美文化研究"和"生态美学研究"三种研究取向。通过前几章的研究我们已经了解到，中国当代马克思主义美学的哲学基础、基本问题的解答等都与《手稿》有着密切的关系，那么，当这种种探索取向试图反思或超越原有美学体系和观点的时候，他们又是如何对待《手稿》的呢，或者进一步说，《手稿》在中国当代马克思主义美学的未来建构中还能否发挥作用呢，这将是本章所要探讨的问题。

第一节　《手稿》与三种美学探索取向

　　实践美学是在 20 世纪五六十年代的美学大讨论中初步建立，至 80

年代经李泽厚、刘纲纪、蒋孔阳等一大批实践美学家充分阐释《手稿》相关命题的基础上逐步建立起来的美学流派。它在 80 年代的"美学热"中，逐步取得优势，占据了中国当代马克思主义美学的主流地位。进入 90 年代之后，人们在反思实践美学的过程中，形成了三种不同的试图超越或突破实践美学的研究取向，即后实践美学研究、审美文化研究、生态美学研究。《手稿》曾是实践美学的"圣经"，那么，这三种新的美学探索取向对《手稿》的态度又是如何的呢？

一 《手稿》与后实践美学研究

实践美学是在论争中成长起来的，对它的质疑自其诞生之日起就开始存在着，并且在 1986 年刘晓波发表的《与李泽厚对话——感性、个性、我的选择》就曾对实践美学提出过激烈的批评，但是，对实践美学真正形成冲击的后实践美学研究潮流的形成是自 20 世纪 90 年代上半期开始的。

1993 年至 1994 年两年间，杨春时接连发表了三篇文章：《超越实践美学》、《超越实践美学，建立超越美学》、《走向"后实践美学"》，发出了中国当代马克思主义美学应超越实践美学走向后实践美学的呼声。他认为："中国当代美学的发展经历了'文革'前的'前实践美学'阶段，新时期的'实践美学'阶段，现在又进入了'后实践美学'时期。'后实践美学'是中国美学超越'实践美学'、走向世界、走向现代化的阶段。"①在这一系列文章中，他首先承认实践美学把人类历史实践当做本体，肯定美和审美主体都是社会实践的产物，从而把美学置于坚实的历史唯物主义的基础之上，对于克服旧唯物主义和唯心主义的直观性和片面性具有伟大的历史功绩，但是，它也带有不可避免的理论缺陷。在《走向"后实践美学"》中他列举了实践美学的十大缺陷，其中，最根本的一点是实

---

① 杨春时：《生存与超越》，广西师范大学出版社 1998 年版，第 152 页。

践美学具有理性主义倾向。实践美学把实践作为美和美感产生的根源，而实践又主要指物质生产实践，因为实践是受理性支配的，排除非理性因素的，因此，它是理性主义的，属于古典美学的范围。但是，"审美并不是理性化的活动，也不是受理性支配的感性活动，而是超理性活动。审美发源于非理性(无意识)领域，并突破理性控制，进入到超理性领域。这不仅体现为审美的直觉性、非逻辑性、幻想性、极度的动情性，更由于它实现了人的超越性追求，即成为审美理想的创造。因此，审美突破理性规范，既超越科学认识又超越意识形态规范，具有超理性特征"。① 实践美学在理性主义的支配下，忽视了审美的超越性、精神性、个体性等重要特征，使美成为一种物质的、客观的、理性的东西，从而使它不但不能把握美，反而与美相距越来越远。由此，杨春时提出应建立以人的"生存"为基点的超越美学。

同期，1995 年，张弘在《学术月刊》第 8 期上发表了《存在论美学：走向后实践美学的新视界》一文，也提出要突破实践美学，走向后实践美学的主张。与杨春时不同，他认为，实践美学的问题不在于重视理性，忽视非理性。因为在李泽厚等一大批实践美学家那里更是强调综合的、统一的。在他们那里，不但有理性与非理性的统一，还有个别与一般的统一、认识与情感的统一、再现与表现的统一、具象与抽象的统一、个体与社会的统一、精神与实践的统一、主观与客观的统一，等等。但问题也恰恰又出在众多的综合统一之中，因为在实践美学那里，这众多的统一都是通过实践来实现的，实践成为他们解答一切问题的最终理论根据，但是，实践能否就是审美呢？他认为："在我看来，就在这里暴露出实践论美学的致命错误，即抹杀了审美活动(同样也可称为审美实践)和生产劳动等其他社会实践的根本区别。这样一来，实践论美学看似十分辩证，却恰好忘记了辩证法的精髓——对特殊性与差异性

① 杨春时：《生存与超越》，广西师范大学出版社 1998 年版，第 154 页。

美学传统的形成与突破

的把握。"①因为，尽管实践论美学关于美、审美或艺术的定义或论述似乎包括了所有的方面，但未能真正说明它们的本质特征。实践美学存在的另一个问题是理论出发点的内在矛盾。从表面看来，它的出发点是实践，是超越主客二分的，但是，其深层仍是以主客二分为前提的，"其深层的实际出发点，其运思的实际根据，仍是将自身和存在对立起来的思维，即笛卡儿所说的'我思'"。② 由此，实践论美学不得不陷身于悖论之中。虽然它有意通过实践这个关节点，来克服认识论及以认识论为哲学根据的传统美学中的主客观的分裂，但由于尚未把握真正意义上的实践是超越以"我思"为基础的二元对立之上的，它又要求实践去整合这个人为的二元对立。而作为审美，只能是人在世界中的体验，是存在于世的一种方式。因此，要超越实践美学，必须彻底超越主客观二元对立的思维模式，在存在论的基础上建立存在论美学。

早已提出生命美学观点的潘知常也加入到超越实践美学的后实践美学的行列中。1994 年，他在《学术月刊》第 12 期上发表的《实践美学的本体论之误》中认为，实践美学把实践原则引入认识论，为美学赋予人类学本体论的基础，并且围绕着"美是人的本质力量的对象化"（"自然的人化"）这一基本的美学命题，在美学的诸多领域，做出了令人耳目一新的开拓。但是，实践美学也存在着许多无法克服的缺陷。因为实践美学是从实践、人的本质力量出发论述美学问题的，且不论这与西方理性主义美学的"认识"、"理念"、"感性显现"相似，已带有浓厚的理性主义色彩，单从实践来界定审美活动就已隐含着非常多的矛盾了。他认为："从实践活动出发考察人与世界的关系，是马克思主义的出发点，然而，这并不意味着实践原则就应该成为唯一原则，更不意味着实践原则就应该成为美学原则。事实上，人类的实践活动只是一个抽象的存在，而不

---

① 张弘：《存在论美学：走向后实践美学的新视界》，《学术月刊》1995 年第 8 期。
② 同上。

是一个具体的存在；也只是一个事实存在，而不是一个价值存在。我们固然可以由此出发，但却应该进而走向一个具体性的美学原则，固然可以从自身的价值规范出发去对它加以规定，但却不能把这种‘规定’与作为一种客观存在的实践活动本身等同起来。"①在潘知常看来，实践活动与审美活动并非是同一类活动，虽然审美活动以实践活动为基础，但是二者绝不是等同的。实践美学把它们互相等同，不但带有浓厚的理性主义色彩，还使"目的论"的思维方式和"人类中心论"的文化传统乘虚而入。这恰恰是实践美学的根本失误所在。另外，实践美学还把美学问题转换为美的发生问题。不论这种追问是否成功，单就这种转换的方式而言，它把自足的一元世界变成非自足的二元世界，然后通过被动的从追溯和还原的途径描述二元世界间的发生学渊源方式，去追问作为终极价值的美，从而把本属于主体的美从人那里割裂出去，成为一种客观的、外在的世界。这又是实践美学的一大失误。最终，他认为，实践美学看到了实践的积极面，忽视了实践的消极面，没有把握住审美活动与实践活动的差异，并且带有理性主义的严重缺陷，因此，真正克服实践美学的缺陷应从人的生命活动而不是实践活动出发建构生命美学。

从上面的分析来看，不论是超越美学、存在论美学，还是生命美学，都认为实践美学从实践出发探究美学问题，是一种理性主义的思路，并且在一定程度上混淆了审美活动与实践活动的差异，最终它并不能真正解决美本身的问题，不能回答美本身的特殊属性。他们据此提出了各自建构美学的新基点：生存、存在、生命活动。那么，他们提出的这些重新建构美学的基点是否完全排斥实践呢？回答是否定的，反而同样以实践为基础，只不过他们所理解的实践已不是实践美学所理解的实践而已。同时，他们也不是否定《手稿》的，虽然他们的理论根基不是直接来源于《手稿》，但是他们却都不同程度地吸收着《手稿》中的相关

---

① 潘知常：《实践美学的本体论之误》，《学术月刊》1994 年第 12 期。

理论。

杨春时的"生存"是指人的生存，其理论来源是马克思的社会存在，只不过他强调了存在中个体性、非理性的一面。他认为，马克思哲学应该是历史唯物主义的社会存在，物质实践是它的基础。在《走向"后实践美学"》中他认为："马克思的哲学应该称为社会存在哲学，称实践哲学并不确切。由于马克思出自实际斗争需要，侧重于强调社会存在的实践含义。因此造成了所谓实践哲学的印象。社会存在的含义比实践要全面得多，正如恩格斯所说：'人们的存在就是他们的实际生活过程'，而实践不过是其物质基础。"①杨春时进而把存在改为"生存"，认为这样可以剔除其中的古典主义和形而下的成分。张弘的存在论美学中的存在思想虽然来自于海德格尔，但他认为马克思在《手稿》中已经包含存在论思想了。因为马克思在《手稿》中已经是在从主客统一的角度论述人的生命活动了，但实践美学是从西方古典的理性主义思路解读实践的，结果割裂了马克思的实践范畴，造成了自身的矛盾。他认为，马克思在《手稿》中论述的，"既然人和自然界的实在性，亦即人对人说来作为自然界的存在和自然界对人说来作为人的存在，已经具有实践的、感性的、直观的性质，所以，关于某种异己的存在物，关于凌驾于自然界和人之上的存在物的问题，亦即包含着对自然界和人的非实在性的承认的问题，实际上已成为不可能了"②，在这里"分明在告诉我们，人和自然同一的存在，因其实践的、感性的、直观的性质的确认，不可能再对他们进行抽象的非实在性的规定。像传统哲学那样认定人是非实在性的'我思'或主观，自然界是非实在性的'广延'或客观，再把世界设定为异在于意识之外的存在物，这种做法已行不通。但令人不解的是实践论美学却仍然陷

---

① 杨春时：《生存与超越》，广西师范大学出版社 1998 年版，第 161 页。

② 马克思：《1844 年经济学哲学手稿》，刘丕坤译，人民出版社 1979 年版，第 84 页。

身在主客心物等种种异己化的非实在性的思辨之中"。① 潘知常更是一再声明，自己并不反对马克思的实践原则，"生命美学之所以要对实践美学提出批评，并不是由于实践美学的以马克思主义实践原则作为自己的理论基点这一正确的选择——在这方面，生命美学与实践美学并无分歧，而是由于实践美学对于马克思主义实践原则的阐释有其根本的缺陷"。② 在《再论生命美学与实践美学之争》中，他引述马克思在《手稿》中以及其他相关著作中有关"生命活动"的论述为自己辩护，论证生命活动并非如一些学者所言是生理性的，因为马克思也是论述着人的生命活动。"当我们沿着马克思所开辟的思想道路，把从人类生命活动的角度考察审美活动的美学约定俗成地称之为生命美学（恰似因为强调实践活动的角度考察审美活动而被约定俗成地称之为实践美学），又有什么可非议之处呢?"③

由此看来，后实践美学并不是在否定或抛弃《手稿》，而是转换了解读《手稿》的哲学语境。如果说实践美学是在前苏联的哲学认识论的框架内进行解读的话，那么，后实践美学则是在吸收了西方生命哲学、存在论等理论的基础上对《手稿》进行了新解读。在他们看来，美学的真正根基不是实践美学所理解的实践，而是与实践密切相关的人的生存、存在、生命活动。

二 《手稿》与审美文化研究

关于"审美文化"研究，在国外起步较早。据金亚娜考证，在苏联最迟在 20 世纪 50 年代就开始使用这一概念了。在我国，对审美文化的研究，开始于 80 年代。1988 年叶朗主编出版的《现代美学体系》鉴于当时

---

① 张弘：《存在论美学：走向后实践美学的新视界》，《学术月刊》1995 年第 8 期。

② 潘知常：《生命美学论稿——在阐释中理解当代生命美学》，郑州大学出版社2002 年版，第 112 页。

③ 潘知常：《再论生命美学与实践美学之争》，《学术月刊》2000 年第 5 期。

美学传统的形成与突破

概念使用混乱的情况，首次给出了一个严格的定义。但是，作为一种美学研究取向的形成却是在 90 年代随着大众文化的兴起和在探究美学发展出路的过程中形成的。

1993 年，杜卫在《浙江社会科学》第 2 期上发表的《科技、经济发展与美学转型》一文中认为，中国当代的美学研究仍然沿用的是近代的美学理论框架，探讨仍然是陈旧的理论问题，与中国当代现实严重脱节，显然已不适应时代的发展。随着科技与经济的发展，美学研究走出困境之路不是走向实用，而应在研究思路上适时转型，转向强调文化的审美功能的文化美学研究。"马克思在《1844 年经济学哲学手稿》中提出了人的三种自我确证方式：实践的、思维的和感觉的方式。在感觉中肯定人自身就是'对属人的现实的占有'，即人在自己创造的文化世界中感受和体验自身的存在。这正是审美的要义所在。与之相联系，马克思在关于异化劳动和共产主义的理论中，也溶入了美学反思，他批判继承了席勒的审美哲学，把肉体与精神、感性与理性、人与自然、自然科学与人文科学的统一作为人类历史运动的方向。其中，人的感觉的解放和提升被作为人的全面解放的重要维度，得到了充分的强调。"① 当然，马克思是在批判资本主义社会的生产，但是，社会主义社会的文化生产也会存在着一定的矛盾。事实证明，科技与经济的发展有正负效应：一方面给人们带来丰裕的物质财富，为精神文明的发展创造着一定的物质基础；另一方面，也可能对人们的生存发展造成不良影响。因此，在"科技与经济发展的时代，美学应该自觉地转型，以承担起历史赋予的使命，它应该成为一种强调人的个体生命、感性与精神感性的价值学说，一种强调审美的文化功能、以人的全面发展为最高目标的文化美学"。② 1994 年，王德胜在《求是学刊》第 5 期上发表的《审美文化批评与美学话语转型》一

---

① 杜卫：《科技、经济发展与美学转型》，《浙江社会科学》1993 年第 2 期。
② 同上。

文中也认为，经典美学话语虽然延续了千年仍不失其理论魅力，但是，它不是探究美学问题的唯一有效的理论话语。在当代文化的特殊环境中，当代美学研究只有超越经典形式的美学话语，在巡视、切近当代文化现实的过程中，才有可能产生出自身新的理论对象、理论规范。同时，这也不仅仅是美学理论系统内部的问题，还是与当代人的现实文化处境相关的，这是与我们对现实文化处境的省察联系在一起的。因此，在当代人类文化实践的生成与发展中，美学和美学研究的基本前途，在于使其自身成为一种直接关涉当代人生命精神及其价值实现的文化批评活动。"美学的深厚文化底蕴即在于其所崇尚的特定价值理想、生命意识及其践行方式。以此而论，寻求、发现并设计人的生命精神的理想之境，满足人在自身价值实现过程中的自由发展需要和利益，应该是美学的终极本质。这种终极本质不仅贯彻于经典形式的美学话语中，而且也应该是审美文化批评的旨归。问题在于，较之经典形式的美学话语，审美文化批评在自身话语的现实原则和操作方面，更加强调从实际生成着的文化环境中来关注人的生命精神的现实存在——在当代人生命精神的感性和理性的两极来把握人的生命活动。"[①]

由此看来，美学的审美文化转型，不单是超越经典话语的必然选择，还是时代的必然要求，它是承担着新的历史使命的。但是，在具体的研究中，对审美文化的理解并不相同。有的人持批判的态度，他们采用法兰克福学派的理论从大众文化意义上来理解审美文化，认为它是一种文化工业，比如，张汝伦认为，大众文化无论在起源和性质上都与民间文化不同，它是一个特定的概念，是与工业社会和后工业社会联系在一起的，其特点是把一切变成对象、变成物，包括人的意识和精神。它的生产像所有的商品一样，遵循市场规律的最高原则，生产代替了创造，模仿与复制代替了想象和灵感。商业原则取代艺术原则，市场要求

① 王德胜：《审美文化批评与美学话语的转型》，《求是学刊》1994 年第 5 期。

代替了精神要求，使得大众文化注定是平庸与雷同的，大众固然制约大众文化的风格和内容，却被它塑造和改造。"在一个注重眼前功利和经济效益的时代，大众文化对一切精神文化领域都构成现实的威胁。艺术已成为大众文化的一部分，学术学科也在功利导向下日渐萧条和式微。在这种情况下，对大众文化持鲜明的批判态度尤其必要。"①有的人认为应该批判与建设并重，美学应承担起审美批评的历史使命，在批判的基础上重建理想的审美文化，比如，金元浦认为："首先，批判和否定应是当代审美文化推动社会进步的天职。""其次，与批判的天职紧密相连的是转型中的文化建设品格。""我们需要的是一种在历史进步过程中的观照，是在批判中的建设和在建设中的批判。"②有的人则持赞同态度，比如，李泽厚认为西马侧重文化批判，但在中国有具体的国情，目前应重在建设，"审美文化研究更要做具有建设性的工作，这就是人性建设，即在建立作为人生归宿的'情感本体'方面做些工作。中国传统在批判性方面少一些，但建设性的东西比较多，它完全可以纳入到当前的审美文化研究中"。"而人性重建就是把人的情感调整到不是动物性的奴隶、不是机器性的奴隶，使情感真正取得'自由的形式'的本体地位。"③有的人则持"第三种立场"，认为应辩证地看待当前的审美文化，比如，陶东风从中国特定的文化语境出发，认为，中国的大众文化不同于西方的大众文化，二者所处的发展阶段不同，中国与西方的国情不同，因此，不宜直接套用西方法兰克福学派的理论进行批判。在西方，世俗化的核心是解神圣化，其中作为宗教的偶像崇拜之对立物的科学理性精神发挥了极大的作用。在中国，世俗化所消解的不是典型的宗教神权，而是准宗教

① 张汝伦：《论大众文化》，《复旦学报》(社会科学版)1994年第3期。

② 陶东风、金元浦：《从碎片走向建设——中国当代审美文化二人谈》，《文艺研究》1994年第5期。

③ 李泽厚、王德胜：《关于哲学、美学和审美文化的对话》，《文艺研究》1994年第6期。

性的集政治权威与道德权威于一身的专制王权。二者虽然不同，但是在获得自由解放的意义上是一致的。因此，从中国现代化和社会转型的过程来看，当代大众文化无疑具有正面的意义，当然不否认其中存在着负面的影响。因此，他认为："评价世俗化与大众文化首先必须有一种历史主义的眼光（'首先'意味着不排斥其他的尺度，但在今日中国的特殊历史时期，我主张历史主义比之其他尺度具有优先性），即把它放在中国社会转型的历史进程中来把握。"①

　　虽然人们对审美文化的概念以及对审美文化的态度存在着众多分歧，但是，审美文化研究取向所关心的问题是共同的，即在当前大众文化生产中人的生存状态，人与文化生产之间的矛盾，而这与《手稿》中马克思对人的全面发展的关注是一致的。从目前中国当代审美文化研究的理论资源来看，也主要与《手稿》有着密切的关联。在理论资源上，有两个主要来源，一是经典的美学理论，正如美学的审美文化转型的推动者杜卫、王德胜等所认为的，审美文化批评与经典美学的终极追求是相通的，只不过从解决现实问题出发，必须进行话语的转换，在理论的内核和美学的基本精神上是不变的，因此，审美文化转型与作为中国当代美学主流形态的实践美学只是话语形式的不同，解决问题的方式不同，但是在精神内核上是相同的，在对审美本质的理解上是相通的。因此，杜卫与实践美学同样也是从《手稿》的对象化理论出发论证人的审美内涵的。二是西方文化研究理论，主要是法兰克福学派的文化批判理论和伯明翰学派的文化研究理论，而它们都属于西方马克思主义理论范围，在理论渊源上，特别是法兰克福学派的文化批判理论与《手稿》有着密切的理论渊源关系。因此，中国当代审美文化研究的转型，与传统美学研究只是话语范式的不同，在其理论资源和精神内核上在某种程度上却又是

　　① 陶东风：《超越历史主义与道德主义的二元对立——论对待大众文化的第三种立场》，《上海文化》1996 年第 3 期。

美学传统的形成与突破

相通的。

三 《手稿》与生态美学研究

生态问题是当今社会讨论的热点问题，也是与我们人类的生存密切相关的问题。20 世纪中期以来，工业文明所造成的生态危机日益严重，人类开始了由工业文明到生态文明的过渡。早在 1972 年联合国人类环境会议上通过的《人类环境宣言》，就已经确认环境问题是全球面临的重大问题。1992 年联合国里约环境与发展大会通过的《关于环境与发展的里约宣言》以及《21 世纪议程》，也把可持续发展战略、改善人类环境作为人类共同的目标和使命。1994 年我国政府率先制定了《中国 21 世纪议程》，并把可持续发展作为现代化发展的战略之一，制定并开始实施长期的生态环境建设规划。2007 年胡锦涛总书记在党的十七大报告中深入论述了科学发展观，并明确把生态文明作为重要的发展目标，为我国的经济发展指明了新的时代发展方向。2011 年温家宝总理在第十一届全国人大四次会议的政府工作报告中又一次明确提出把加强生态建设、增强可持续发展能力作为"十二五"时期的重要发展目标，表明了我国努力建设生态文明的坚定决心。

生态危机首先是一种生产方式的危机，但它又远不限于此，它深刻地影响着人类生活的方方面面。1962 年，美学学者蕾切尔·卡逊的《寂静的春天》开启了"一种足以刷新人们的思想观念和改变人类生活状态的深层生态学"[①]。生态危机的出现，在人类文化的各个领域都引起了一系列的变化。美学作为关乎人类感性存在的学科，也作出了应有的回应。

在西方，捷克学者和艺术家米洛斯拉夫·克里瓦（Miroslaw Klivar）

[①]　曾繁仁：《生态存在论美学论稿》，吉林人民出版社 2003 年版，第 9 页。

首先提出建设生态美学，但由于他用捷克语写作，影响不大。真正产生影响的是美国学者利奥波德（Aldo Leopold），他在 1948 出版的《沙乡年鉴》（*A Sand County Almanac*）中提出了 Conservation Aesthetic（环境美学）的概念，这本书也因此被追溯为生态美学的源头。西方生态美学的倡导者大都不是职业美学家，他们从各自特殊的职业如环境设计、景观设计和森林景观管理等出发而走向了生态美学，研究生态美学的目的也是为了解决现实中遇到的具体问题，因而具有极强的实践性。

相比较而言，在我国，生态美学研究起步较晚。尽管如此，较西方生态美学研究较多地关注环境问题不同，中国生态美学研究一开始就把视角放在广义的生态上面，它不但关注环境问题，更关注人的审美生存，是一种深层生态学，从而形成了自己的特色。据资料考察，在我国较早以生态美学为题专门论述生态美学问题的是李欣复。1994 年，他在《南京社会科学》第 12 期上发表《论生态美学》的文章，提出了建立生态美学的初步构想。他认为，生态美学同生态环境学、生态哲学、生态意识学等生态科学群落一样，是伴随着生态危机所激发的全球环保与绿色运动而发展起来的一门新兴学科。它以研究地球生态环境美为主要任务与对象，是环境美学的核心组成部分，其构成内容包括自然生态、社会物质生产生态和精神文化生产生态三大层次系统。① 2000 年，徐恒醇出版国内第一本生态美学专著《生态美学》，创立了以生态美范畴为核心的生态美学体系。他认为，生态美的范畴是生态美学研究的核心概念，生态美是人的生命过程的展示和人生境界的呈现。生态美学，是以生态价值观为取向对审美现象和规律的再认识，又是以人的生态过程和生态系统为对象的美学研究。它以人对生命活动的审视为逻辑起点，以人的生存环境和生存状态为轴线而展开，体现了对人的生命的现实关注和终

———————————

① 李欣复：《论生态美学》，《南京社会科学》1994 年第 12 期。

极关怀。① 此后，伴随着生态问题的日益突出和对传统美学研究出路的探索，生态美学研究持续升温。在生态美学的研究中，曾繁仁越出狭义的自然生态美学，从生态存在论角度出发，对生态美学的学科定位和发展作出了重要的开拓性贡献。2001 年，他在《生态美学：后现代语境下崭新的生态存在论》中认为，对于生态美学，目前有狭义和广义两种理解。狭义的生态美学着眼于人与自然环境的生态审美关系，提出特殊的生态美范畴。而广义的生态美学则包括人与自然、社会以及自身的生态审美关系，是一种符合生态规律的存在论美学观。他赞同广义的生态美学，认为："它是在后现代语境下，以崭新的生态世界观为指导，以探索人与自然的审美关系为出发点，涉及人与社会、人与宇宙以及人与自身等多重审美关系，最后落脚到改善人类当下的非美的存在状态，建立起一种符合生态规律的审美的存在状态。这是一种人与自然和社会达到动态平衡、和谐一致的生态状态的崭新的生态存在论美学观。"②在这里，曾繁仁先生把生态与存在结合起来，提出了一种新的美学观，它是以深层生态学为基础的存在论美学观。从这一角度理解生态美学，使生态美学超越单纯的自然生态的视野，上升到了整个美学的新的观念建立的高度，这不论对生态美学的研究还是对中国当代马克思主义美学的学科推进无疑都起着重要的推动作用。

生态美学在我国的出现和繁荣，在某种程度上，不仅仅是生态危机的反映，也是我国当代马克思主义美学转型的一种新探索。进入 20 世纪 90 年代以来，随着我国经济的转型以及实践美学的理论缺陷的日益暴露，人们开始探索中国化马克思主义美学转型的历程。仅在 1991 年，《天津社会科学》第 2 期、《学术论坛》第 2 期、《学术月刊》第 4 期就各自推出了一组"当代中国美学研究的出路"的笔谈，邀请美学界相关人士谈

---

① 徐恒醇：《生态美学》，陕西人民教育出版社 2000 年版，第 10 页。
② 曾繁仁：《生态存在论美学论稿》，吉林人民出版社 2003 年版，第 71 页。

论中国当代马克思主义的未来出路问题。此后数十年，不断有人参与讨论。生态美学的提出，无疑为正处于理论发展困境的中国化马克思主义美学的转型提供了新的机遇。

但是，综观生态美学在我国十多年的发展，仍然存在着诸多理论困境和问题，"生态美学能否作为一个学科在学术界存在颇多疑义"①。这不能不引起我们的思考？目前，生态美学研究存在的困境，可以归结为两个方面：首先，是学科定位的模糊。由于生态美学诞生背景是日益严重的生态危机，促使人们展开了美学的思考，即展开审美的救赎，用审美的和谐关系取代现有的人与自然的奴役关系。从而使生态美学在学科定位上近似于保护环境、保护自然的环境美学。目前在生态美学研究中，关于生态美学与环境美学关系的模糊也充分印证了这一点。李欣复的《论生态美学》和徐恒醇的《生态美学》恰恰是这一研究思路的体现。这一研究思路的逻辑矛盾是显而易见的。因为，当他们用美学拯救生态危机的时候，所持的美学观念是传统的美学观念。而传统的美学观念是非功利的，而当被用来解决生态问题的时候，恰恰是实用主义的。传统的美学观念是人类中心主义的，而生态美学却是非人类中心的。显然，我们应该反转过来，不是用审美的态度去拯救生态问题，而是在生态的前提下去重整传统的审美观念。其次，是哲学基础的游移。我们已经知道，生态美学在我国的出现是随着中国当代马克思主义美学的转型，特别是对实践美学的超越而出现的新的美学探索。当它一味超越实践美学的时候，似乎也超越了马克思的实践范畴，从而把生态美学的哲学根基建立在生态学的非人类中心主义或当代西方存在主义的哲学根基上了。但是，非人类中心主义、存在主义，是否真得超越马克思主义的实践观念了呢？目前，我国的生态美学研究并没有给出一致的回答。

---

① 曾繁仁：《生态美学建设的反思与未来发展》，《马克思主义美学研究》2010 年第 1 期。

我国的近现代美学体系是以西方美学体系为参照而形成的。由于传统西方美学是建立在主客二分的哲学模式和征服自然的文化观念之上的，由此使审美观照局限于对象的形象性特征并囿于艺术的领域。李泽厚、刘纲纪等创立的实践美学具有传统美学的特点，虽然吸收了马克思的实践概念，但是却是从人与自然对立的角度论述人化自然的，"经过漫长历史的社会实践，自然人化了，人的目的对象化了。自然为人类所控制、改造、征服和利用，成为顺从人的自然，成为人的'非有机的躯体'，人成为掌握控制自然的主人"。① 康德就在《判断力批判》中指出："没有关于美的科学，只有关于美的评判；也没有美的科学，只有美的艺术。一呢关于美的科学，在它里面就须科学地，这就是通过证明来指出，某一物是否可以被认为美。那么，对于美的判断将不是鉴赏判断，如果它隶属于科学的话。至于一个科学，若作为科学而被认为是美的话，它将是一个怪物。"② 自 20 世纪 80 年代开始，刘晓波就从感性的角度给予批判。进入 90 年代，杨春时又从生存论的角度对实践美学展开批判，提出建立超越实践美学的口号。总体而言，他们确实看到实践美学的缺陷，但是，在超越实践美学的时候，却回到被实践所超越的生存、生命上，这不能不说是一种理论的倒退。因此，超越实践美学的呼声喊了十多年，却发现实践美学不但没有被超越，反而越来越为人们所接受。

当生态美学试图超越实践美学的时候，同样超越的应该是实践美学的传统美学思路，而不是马克思主义的实践。一旦超越了实践，把生态美学的基础建立的生态中心的基础，则走入了误区。生态文明视野给予中国化马克思主义美学建设的不是要超越实践，而恰恰是重构实践。在科学发展观中重新理解、把握实践。传统的实践美学的美是指自由的形

---

① 李泽厚：《美学三书》，安徽文艺出版社 1999 年版，第 481 页。

② 康德：《判断力批判》上卷，宗白华译，商务印书馆 1985 年版，第 150 页。

式、自由的精神追求，而生态审美观不再仅仅是自由的形式、自由的精神，而进入现实的体验，是一种自由的体验。马克思所讲的人的解放，不仅仅是人的孤立解放，而是人与自然的双重解放。自然是人获得物质生活资料的前提，自然与人之间的劳动是自由自觉的，这是人与自然的本真的关系。在共产主义社会中，人与自然会获得重新的统一，在人获得自由的同时，自然也获得了自由。人与自然本来就是自由的，并且应该永远也是自由的。它们的分离根源于私有制的诞生，人与自然的分离。因此，我们不是在探讨自然的中介技术，人是从技术的层面获得了自由，还是从技术中破坏了自然，而是当人与自然的分离，使得人与自然的劳动产生了异化，人与自然的关系产生了异化，技术也具有异化的特征。这里，我们不是否定技术，不是否定人，而是回到人与自然分离的根源上。

由于生态文明直接起因于严重的生态危机，因为人们纷纷掀起了对技术理性乃至实践理性的批判，其实，技术本身并不是生态危机的最终根源。我们知道，实践关系是人与自然之间的最基本的关系，而审美维度也是其中包含的应有维度。生态危机的最终根源是资本主义的生产模式，只有超越了这一生产模式，人与人之间才最终回归和谐，同时人与自然也最终回归自由自觉的关系之中。从马克思人的解放的角度来看，人的解放和自然的解放是一致的，之后人才真正获得了解放，自然才能真正获得解放，即马克思在《手稿》中提出的"作为完成了的自然主义，等于人道主义，而作为完成了的人道主义，等于自然主义"。①

由此，我们看到马克思虽然没有直接论述生态问题，但是生态问题的解决仍然离不开马克思思想的指导，特别是他《手稿》中的思想为生态问题的最终解答提供了方向。曾繁仁认为马克思在《手稿》中的生

---

① 《马克思恩格斯全集》第 42 卷，人民出版社 1979 年版，第 120 页。

美学传统的形成与突破

态意识和生态审美观主要表现为三个方面，一是"马克思认为，彻底的'自然主义'和'人道主义'应该是人与自然在社会实践中的统一。这样才能真正将唯物主义与唯心主义加以结合，并真正理解人与自然交互作用中演进的世界历史的行动。由此可见，在马克思的唯物实践观中包含着'彻底的自然主义'这一极其重要的尊重自然、自然是人类社会发展重要因素的生态意识"。[①] 二是美的规律理论，"所谓'美的规律'即是自然规律与人的规律的和谐统一。马克思这里所说的'尺度'其含义为'标准、规格、水平、规范、准则'，结合上下文又包含'基本的需要'之意。所谓'任何一个种的尺度'即广大的自然界各种动植物的基本需要，'美的规律'要包含这种基本的需要，不能使之'异化'，变成人的对立物。因为，承认自然事物的'基本需要'必然要承认其独立价值。而所谓人的'内在的尺度'，按字面含义即为'内在的、固有的、生来的标准和规格'，即是人所特有的超越了狭隘物种肉体需要的一种有意识性、全面性和自由性。但这种有意识性的特性应该在承认自然基本需要的前提下，这就是自然主义与人道主义的结合，人与自然的和谐统一，也就是'按照美的规律来建造'"。[②] 三是异化的扬弃是人与自然和谐美的重建。"马克思在《1844 年经济学哲学手稿》中论述劳动由人的本质表现（肯定）到异化（否定），再到异化劳动之扬弃重新使之成为人的本质（否定之否定），应该说是具有深刻哲学与政治学意义的。而在劳动中人与自然的关系，恰也经过了这样一种肯定（人与自然的和谐）、否定（自然与人的异化）再到否定之否定（重建人与自然的和谐）的过程。这正是马克思有关人与自然关系的深刻认识之处。"[③]在这里，曾繁仁先生从生态存在论的角度，对《手稿》的命题进行重新解读，阐发了其中包含的生态维度。

[①] 曾繁仁：《生态存在论美学论稿》，吉林人民出版社 2003 年版，第 148 页。

[②] 同上书，第 148-149 页。

[③] 同上书，第 154 页。

通过以上简要的分析，我们看到作为 20 世纪 90 年代以来的中国当代马克思主义美学的三大主要探索取向，不但没有否定《手稿》，反而在不同的层面上解读利用着《手稿》中的理论资源，《手稿》在此时或许不是他们理论的立论之基，却是他们理论的重要理论资源。

第二节 《手稿》对中国当代马克思主义美学的现实意义

《手稿》的理论价值并没有因美学研究热潮的涨落而涨落，而是始终在中国当代马克思主义美学的建构中起着十分重要的作用。从 20 世纪五六十年代的美学大讨论到 80 年代的"美学热"，再到 90 年代以来的美学转型，《手稿》都发挥着应有的理论价值。目前，虽然我们进入 21 世纪已 10 年有余了，但是，中国当代马克思主义美学走出困境的路径仍不明晰。实践美学虽然有着不可避免的理论缺陷，但是仍然在中国当代马克思主义美学中发挥着主导作用。后实践美学研究、审美文化研究、生态美学研究等多种美学探索，虽然看上去热火朝天，但是缺乏真正的理论建构。《手稿》作为马克思主义美学的一部重要元典，作为中国当代马克思主义美学理论话语的重要来源，对中国当代马克思主义美学的未来发展必然具有十分重要的现实意义。

一 马克思主义美学理论之源

一般而言，人们在谈论马克思主义美学的时候，往往指经典的马克思主义美学，即马克思、恩格斯著作中的美学思想。其实，马克思主义美学自创立至今，已经有 150 多年的发展历史了。在马克思、恩格斯之后，各种以马克思主义理论自居的流派也经历了多年的发展，这部分理

美学传统的形成与突破

论资源可以说构成了后经典时期的马克思主义。① 虽然后经典时期的马克思主义美学的人员组成身份复杂，其中某些理论形态的马克思主义的性质也尚存争议，但是，他们都是从马克思主义理论中汲取营养的，在某种程度上发展和丰富着马克思主义的美学理论。很长一段时期以来，特别是在苏联理论模式的指导下，对之往往做出非此即彼的选言判断，要么是马克思主义，要么是非马克思主义，一切皆从政治出发，而不是从理论本身的价值出发，这种情况直到 20 世纪 80 年代中期才有所改观，后经典时期的马克思主义美学话语中的西方马克思主义美学思想才逐渐被介绍进来。

马克思一生虽然阅读了大量美学著作，对美学进行过许多研究，但是并没有留下一部美学专著，对美学的论述多是散见于其经济学、哲学著作中的。《手稿》作为马克思的一部早期著作，虽然主要在论述经济学、哲学问题，但也论述了较多的美学问题，并且在新的哲学基础的映照下，展露出天才美学思想的萌芽，提出了具有深刻意义的美学命题。在一定意义上，《手稿》已经俨然成为马克思的一部重要美学著作。也是这一部《手稿》的公开发表，因其本身的理论价值，引发了世界范围内对马克思主义包括美学在内的持续研究热潮。在《手稿》的影响下，苏联出现了长达十年的审美本质大讨论，并产生了审美社会派。在西方，《手稿》影响了西方马克思主义研究思潮的出现以及"马克思学"的诞生，其中包括早期的西方马克思主义理论家卢卡契的现实主义理论、法兰克福

---

① 谭好哲在《后经典时期马克思主义文艺美学的形态与主题研究》中提出："就历时态而言，马克思主义文艺美学大致经历了两大发展时期：从 19 世纪 40 年代到 90 年代，是这一全新的文艺美学理论的创始期，创始人是马克思和恩格斯；从 19 世纪末叶至今，则是这一全新的文艺美学理论的进一步发展期，参与并推动了这一理论发展时期的人员数量众多且身份多样，其理论代表人物也因研究者的理论阐释和评价的重点相异而各有不同。上述两大发展时期，也可以简单地命名为以马克思和恩格斯为代表的'经典'时期和马、恩之后的'后经典'时期。"本书采用此说。《文艺美学研究》（第 3辑），山东大学出版社 2003 年版，第 89—90 页。

学派的大众文化理论、葛兰西的文化霸权理论等，他们都受到了《手稿》的影响，与《手稿》之间保持着某种理论渊源。在中国，《手稿》不但影响了主流学派实践美学的形成和发展，还对整个中国当代马克思主义美学传统的形成起着非常重要的作用。它们共同构筑着后经典时期的马克思主义美学的理论体系。在这个意义上，《手稿》不但是经典马克思主义美学的发源地，也是后经典时期马克思主义的理论之源。

对经典马克思主义美学，因其理论的重要地位和其他方面的原因，我们对之研究也已经很多了。但是，对后经典时期的马克思主义美学理论，虽然已有许多研究成果，但是，对之关注显然不够。经典马克思主义美学，我们当然要研究，但是对后经典时期的马克思主义美学，我们也应给予足够的重视，特别是西方马克思主义美学研究。因为，从经济发展来看，目前西方的经济发展阶段比我们超前，当我们初步进入工业社会的时候，他们已经进入到后工业社会，因此，遇到的美学问题可能比我们早，他们也为此提出了一些相关的理论和命题，并进行了初步的理论建构。正如谭好哲所认为的："尽管马克思主义文艺美学后一个发展时期的人员构成复杂多样、驳杂不一，有不少理论的'马克思主义'性质尚存争议，但它们大都是在 20 世纪以来的文艺现状和现实需求基础上生成的，其理论指向或针对性更具当下性，从而与我们今天的理论创造有着更为亲近、直接的共时性关联。"[①]比如，当前的大众文化现象，由于我们的社会主义市场经济处于刚起步阶段，大众文化市场也才初步繁荣，因此，大众文化的一些正负面的影响也随之而来，对此，法兰克福学派的文化批判理论、伯明翰学派的文化研究等都有着丰富的理论成果，这无不构成了中国当前审美文化研究理论资源的重要一翼。

不论经典时期还是后经典时期的马克思主义美学理论，都是目前我们进行中国当代马克思主义美学研究的重要理论资源。但是，如何认

① 《文艺美学研究》(第 3 辑)，山东大学出版社 2003 年版，第 90 页。

美学传统的形成与突破

识、把握乃至消化这些理论，不能不是我们进行理论建设的重要课题。从理论的发展渊源看，它们有一个共同的特点，都是与《手稿》有着密切的关系，《手稿》构成了他们的理论之源。因此，不论我们研究经典时期的马克思主义美学理论还是吸收、消化后经典时期的马克思主义美学理论，都应该从《手稿》开始。也只有从《手稿》开始，我们才能对后经典时期的马克思主义美学理论的鱼龙混杂局面有所区分，也才能真正解决理论吸收中存在的所谓"食洋不化"现象，进行真正的理论吸收和建设。

二 中国当代马克思主义美学传统的理论根基

进入 20 世纪 90 年代以来，随着政治经济的转型，中国当代马克思主义美学研究也开始了研究的转型，但是也面临着进一步发展的困境。正如我们在导言中所提出的观点，中国当代马克思主义美学理论真正进行创建，使中国当代马克思主义美学理论的发展走出困境，只能是立足于现有传统的基础上进行理论创新。经过前几章的历史考察，我们对《手稿》与中国当代马克思主义美学之间的关系有了一个较为细致的了解，《手稿》不但在总体上推进了中国当代马克思主义美学的学术进程，而且在哲学基础、基本问题的解答上都影响了中国当代马克思主义美学理论的发展。概而言之，我们认为，《手稿》对中国当代马克思主义美学的真正具有特色的影响是构筑了一个坚实的理论基础——实践。由于中国当代马克思主义美学的特定发生语境，在理论起点上是受苏联影响的机械反映论美学。在五六十年代的美学大讨论中，一些美学研究者开始针对这种美学观进行反思，他们认为美学问题不仅仅是反映的问题，还是一个实践的问题，《手稿》中实践观的理论价值开始凸显。由于时代的原因，这种反思被迫中断。"文革"之后，深受机械反映论美学之苦的人们开始认真反思，在"《手稿》热"和"美学热"中，机械反映论美学观逐渐被实践论美学观所取代。不论是哲学基础还是对基本问题的解答都与《手稿》中的实践理论发生着密切的关联，这种关联不单单是与实践美学联系在一起的，还是与中国当代马克思主义美学的建构联系在一起的。把中国当代马克思主义美学的根基深深地植根于实践的基础之上，不但是《手稿》本身的理论特色，也是中国当代马克思主义美学理论建构取得的重大理论成果。刘纲纪在《马克思主义美学研究与阐释的三种形态》中认为，从 19 世纪末到 20 世纪，对马克思主义美学研究与阐释形成了三种基本形态：苏联马克思主义美学、西方马克思主义美学、中国马克思主义美学。苏联马克思主义美学是以列宁的反映论为基础的，可以称之为本质主义反映论、认识论美学；西方马克思主义美学是以文化、意识形态、政治批判为中心的，可以称之为文化、意识形态、政治批判美学；中国马克思主义美学则形成了以毛泽东《讲话》为代表的以人民大众为本位的马克思主义实践论美学。这一美学观为后来从《手稿》中进一步寻找到理论根基。① 在这里，我们对刘先生的观点表示赞同。相对前苏联和西方马克思主义美学理论话语，中国当代马克思主义美学已经形成了自己的理论特色，这也是中国当代马克思主义美学取得的最重要的理论成果，是我们进行未来美学基本理论建设的理论基点。

当然，包括实践美学在内的中国当代马克思主义美学对实践与审美活动之间的解答是有理论缺陷的，也是不完善的。正如后实践美学研究者所指出的，实践论美学观点经常混淆了实践活动与审美活动之间的差异，并不能真正说明审美活动的特有本质。但是，能否由此推出后实践美学研究者所提出的要超越"实践"呢？问题解答得不好，我们可以重新解答。即使在中国当代马克思主义美学发展过程中，对实践与审美的关系的解答还是有争议的，比如，李泽厚从根源的角度来理解，而朱光潜则从二者共同性的角度理解等。因为《手稿》毕竟不是一部美学专著，对美学问题的解答只是天才思想的萌芽，具体的理解和阐释还需要我们继续做深入的研究。因此，我们不能因为前人解决得不好，而轻言扬弃或

美学传统的形成与突破

---

① 刘纲纪：《马克思主义美学研究与阐释的三种形态》，《文艺研究》2001 年第 1 期。

超越，另起炉灶，把审美重新建立在为马克思的实践所已经超越的生存、存在、生命活动上。这样是否真能解决实践论美学观点所不能解决的问题呢？历史的发展已经证明，后实践美学经过多年的发展，并未能给出更完美的解答。虽然在某些理论上，突出了审美活动的本质特征，但在理论基点上却回到了早已实践所超越的生存、存在、生命活动上，正如一些学者所指出的是一种倒退，比如，陈炎认为："实践"作为主体的"人的本质力量的对象化"，虽然不能对"真、善、美"作出进一步的区分，但是它指出了人与动物的区别，而如果回到"以'生存'或'生命'为基本范畴的所谓的'后实践美学'，不是对'实践美学'的真正超越，而恰恰是一种后退。因为所谓'生存'或'生命'，是人与其他生物所共有的，因而，它不仅无法区分知、情、意或真、善、美的不同，甚至无法区分人与动物的不同。从这一意义上讲，所谓'后实践美学'，有着从马克思退回到费尔巴哈之嫌"。①

马克思认为："问题是时代的口号，是它表现自己精神状态的最实际的呼声。"②对中国当代马克思主义美学而言，解答实践与审美的关系问题无疑是最基本的也是最迫切的理论问题。这也是推动中国当代马克思主义美学走出困境，获得真正理论创新的关键。同时，问题是理论发展的核心动力。只有抓住理论发展的核心问题，才能真正推动理论的发展，而这一问题的最终解答又是与《手稿》密切相关的。

三 新的时代条件下对《手稿》内涵的新阐发

进入 20 世纪 90 年代以来，不论是国际还是国内的时代环境都发生了巨大的变化。在政治上，90 年代初发生的东欧剧变、苏联解体给世界社会主义阵营带来了巨大冲击，给马克思主义理论的未来涂抹上了一

---

① 陈炎：《陈炎自选集》，广西师范大学出版社 2002 年版，第 227 页。
② 《马克思恩格斯全集》第 40 卷，人民出版社 1982 年版，第 289—290 页。

丝灰色的信息。在经济上，我国也自 90 年代开始确立了从传统的计划经济走向社会主义市场经济的目标，并于 2001 年年底加入世界贸易组织，全球化进程加快。在文化上，已经从传统的精英文化逐步走向以大众传媒为主要载体的大众文化，并在全球化进程中，面临着西方强势文化的冲击。在美学研究上，当代美学研究出现了研究的转型，表现为由主客二分的对立思维模式到有机整体观、由认识论到存在论、由美的本质探究到以经验为中心的审美经验的研究等。这一切新的时代条件构成了中国当代马克思主义美学在新世纪发展的新语境，这也必然对传统的美学体系形成巨大的冲击。

在新的语境中，《手稿》能否继续成为中国当代马克思主义美学建构的元话语，或者说，能否继续在新的历史条件下发挥应有的理论价值，这是一个迫切需要回答的问题。詹姆逊曾这样描述马克思主义："马克思主义根本不是一种哲学，它的自我定位是'理论与实践的统一'。然而，最清楚的表述或许是，最好把它看作是一种论争（argument）：即不是把它等同于特定的命题，而是把它看作对特定的复杂问题的表述。所以人们可以很容易地指出，马克思主义论争的创造性就在于它提出新的问题的能力。"[①]詹姆逊把马克思主义说成根本不是一种哲学，是我们不赞同的，但他强调马克思主义的生命力在于它"提出新的问题的能力"，无疑的确是把握住了马克思主义的本质。马克思主义美学是一个开放的体系，具有与时俱进的理论品格。它时刻接受着社会实践的检验，并且随着社会的发展而发展。它时刻保持着与时代发展同步的脉搏，随时把新情况、新问题纳入自己的理论视野，并及时做出理论的回应。《手稿》提供给中国当代马克思主义美学的是具有一定普适性的美学基本方法和原则，而不是教条的结论。马克思在《手稿》中提出的从劳动实践出发探

---

① 俞可平主编：《全球化时代的"马克思主义"》，中央编译出版社 1998 年版，第 69 页。

究美、美感的诞生和美的创造规律以及异化扬弃的历史角度都是美学研究应遵循的基本原则。在不同的历史条件下，这些美学原则必然表现出新的理论阐释力。

《手稿》自从全文公开出版也已近 79 年的历史了，在世界范围内已经形成了多种阐释的角度，形成了不同的马克思主义美学理论阐释形态。正如刘纲纪所言，在马克思主义美学的阐释上已形成三种不同的阐释形态：苏联马克思主义、西方马克思主义和中国马克思主义，对《手稿》的阐释同样也是如此。苏联马克思主义围绕《手稿》的阐释虽然也形成了审美社会派，但仍然是在反映论基础上进行解读的。西方马克思主义对《手稿》的解读侧重其中的异化批判理论，它所继承的是马克思的"要对现存的一切进行无情的批判"①的批判精神。而在中国由于国情的不同，所着重研究的则是其实践性品格，从实践中探究美的规律。但是，由于受前苏联反映论哲学观的影响，人们对《手稿》的解读背景在总体上仍然是认识论的，如实践美学的主要提出者就认为"美学科学的哲学基本问题是认识论问题"，"从分析解决主观与客观，存在与意识的关系问题——这一哲学基本问题开始"。② 另外，他们虽然从实践的角度回答了美、美感的诞生根源，但只是回答了美如何可能的问题，并未回答美本身就是怎样。在新的时代条件下，其理论缺陷日渐明显。

进入 20 世纪 90 年代以来，不但围绕实践美学的缺陷形成了不同的学术探索，同时人们围绕传统美学对《手稿》解读思路也开始了反思历程。人们开始对《手稿》进行重新解读，并形成了两种不同的研究思路。一是回归马克思的本真语境，比如，王向峰、夏之放、张伟等。王向峰、夏之放皆从当今的时代问题出发，对《手稿》的文本本身进行重新解

---

① 《马克思恩格斯全集》第 1 卷，人民出版社 1956 年版，第 416 页。
② 《中国当代美学论文选》第 1 卷，重庆出版社 1984 年版，第 102 页。

读，以期从中发现对新问题的解答。王向峰的《〈手稿〉的美学解读》不但结合当前的文艺现实，还结合当前的生态状况，对《手稿》中的基本命题进行了重新阐释，使之焕发出新的活力与阐释力；夏之放的《异化的扬弃——〈1844 年经济学哲学手稿〉的当代阐释》一书则结合当前的审美文化研究试图对《手稿》中关于人的全面发展的理论给予解答。张伟在她的《走向现实的美学——〈巴黎手稿〉美学研究》则认为，目前我们对《手稿》的解读存在着双重解读背景的障碍，"理解《巴黎手稿》的真正含义有两重障碍：一是苏联教科书的哲学模式；二是西方传统形而上学"。[①] 我们对《手稿》的一切误读皆与这双重障碍有关，只有回到马克思主义诞生的历史语境，才能把握《手稿》的本真内涵。从马克思主义诞生的历史进程来看，其思想来源更重要的是对黑格尔的批判继承，而不是一般所理解的是建立在费尔巴哈的唯物主义的基础之上的，马克思所继承费尔巴哈的是其唯物主义的批判精神。由此，马克思在《手稿》中形成了哲学本体论"不是自然存在的本体论，而是人的存在的本体论，是人的感性活动的本体论。它彻底地超越了近代西方哲学的主客对立的模式，这种全新的世界观不仅使哲学发生革命，也使美学发生革命"。[②] 在张伟看来，马克思在《手稿》中的人的存在本体论（实践本体论）实际上已经站在了时代的前沿，是对传统主客二分思维模式的超越，但是，在中国当代马克思主义美学对《手稿》的研究中，却从传统的主客二分思维模式中去解读《手稿》，不可避免造成了对马克思本义的误读。二是从新的角度进行新的解读，比如，朱立元、曾永成、曾繁仁等。朱立元在对实践美学的反思改造中认为，中国传统美学中传统的主客二元对立的认识论是阻碍中国当代马克思主义美学获得突破的一个重要因素，而西方美学的发展历程也告诉我们，必须突破以求知为目标的认识论美学的束缚，中国当代

① 张伟：《走向现实的美学——〈巴黎手稿〉美学研究》，人民出版社 2004 年版，第 26 页。

② 同上书，第 53 页。

美学传统的形成与突破

马克思主义美学才能有多方面的创新发展，为此他提出实践存在美学。他提出这一美学观的根据之一就是他认为，马克思在《手稿》中论述的劳动实践活动恰好说明人的存在方式就是实践。"在马克思看来，实践就是人的存在方式。人正是在实践中展开他的自我创生活动，开显他的存在意义，获得他的存在方式的。"①曾永成从生成论的角度、曾繁仁从生态存在论的角度都对《手稿》的相关美学命题进行了重新解读，这我们在《手稿》与生态美学研究中都已经论述过了，在这里就不再赘述了。

　　不论是回归本真语境还是从新的角度对《手稿》进行重新解读，都说明了《手稿》本身在时代条件转换的情况下，仍具有十分重要的理论价值，具有新的理论的阐释力，这也是马克思主义美学理论与时俱进的表现。

---

① 朱立元：《简论实践存在论美学》，《人文杂志》2006 年第 3 期。

结　语

　　回顾《手稿》研究与中国当代马克思主义美学所走过的半个多世纪的历程，虽然《手稿》在中国当代马克思主义美学的发展过程中一直起着非常重要的作用，发挥着应有的理论价值，但是，在不同的历史时期它的地位和价值又是有所不同的。中国当代马克思主义美学的发展演变，大致可分为三个历史时期，即 20 世纪五六十年代的美学大讨论、80 年代的"美学热"和 90 年代以来的美学转型。

　　在 20 世纪五六十年代的美学大讨论中，由于中国当代马克思主义美学的特定发生语境，《手稿》为中国当代马克思主义美学所选择，成为美学建构的重要理论话语。这种选择也是与李泽厚、朱光潜等人的努力推动分不开的。在五六十年代，占据美学话语权威地位的是蔡仪的客观反映论美学观。他认为美是客观的，美是典型。这种美学观虽然坚持了唯物主义原理，但是，它把美仅仅限于客观事物的属性领域，排斥了主体人的作用，带有不可避免的理论缺陷。为了克服这一理论缺陷，李泽厚从《手稿》中"自然的人化"理论出发，提出美是社会性与客观性统一的观点。他认为，美是客观的，但它是社会性的客观性，不是自然属性的客观性，这种社会性的客观性是"自然的人化"的结果。这种美学观点不仅坚持了唯物主义，突出了美的客观性，同时在一定程度上还突出了主体的作用。朱光潜因其主观唯心主义的美学观在美学大讨论中成为被批判的对象，但他并没有完全放弃自己的美学观点，而是通过对马克思主义理论的学习，不断寻求着对自己有利的理论依据，并提出了新的美学观点：美是主观与客观的统一。在这种探索中，他找到了《手稿》中的劳动实践理论。他认为，单纯的反映论并不能真正解决美的本质问题，因为美不仅仅是一种认识，还是一种创造。马克思提出的劳动实践观恰好证明美是一种创造，而不是直观的认识。其中，马克思提出的"美的规律"理论也恰好反映了主观需要与客观事物标准相统一的创造理论，这也说明了美应是主观与客观的统一。不过，他所理解的劳动实践是一种艺术实践。不论李泽厚提出的社会性与客观性相统一的观点，还是朱光潜提出的主观与客观相统一的观点，都在一定程度上克服了五六十年代单纯从客观事物的自然属性出发探究美的本质的机械唯物主义美学观，推动着美学的发展。

进入新时期之后，随着思想解放运动的开展，异化和人道主义大讨论得以进行。在讨论中《手稿》的理论价值再次为人们所揭示，其中的异化和人的本质理论为人们所接受，并由此形成了一股"《手稿》热"。与此同时，20世纪80年代初，"美学热"再度兴起。这次"美学热"在一定程度上是五六十年代美学大讨论的延续，但又有所不同，因为这次"美学热"主要是围绕对《手稿》的论争开始的，对《手稿》中相关范畴和命题的论争，直接影响着中国当代马克思主义美学基本问题的解答和思考方式。如果说在五六十年代主要是以李泽厚为代表的社会性与客观性统一派和以朱光潜为代表的主客观统一派从《手稿》中吸收理论资源的话，那么，在80年代，美学四大派理论则都不同程度地吸收了其中的理论资源。以蔡仪为代表的客观派虽然不同意实践美学从《手稿》中的"自然的人化"理论阐发的美学观点，但是，他同样从《手稿》中寻找到了自己的理论根据，认为"美的规律"是马克思论述美的最重要的文字。通过对"美的规律"的阐发，他重新解释了他的典型理论。朱光潜继续发展了他的艺术实践理论，深化了他的主客观统一说。主观派代表高尔泰吸收了《手稿》中的"人的本质力量对象化"以及自由理论，提出了"美是自由的象征"的新观点。实践美学的代表李泽厚此时在继续阐发《手稿》"自然人化"理论的同时，吸收了康德的主体性理论，提出和建构了主体性实践哲学和美学。在美学研究上，李泽厚更侧重对"内在自然人化"的探讨，提出了主体的双重心理建构说，在美感理论上提出了著名的"积淀"说。通过这次"美学热"，《手稿》也最终影响了从哲学基础、基本范畴和命题以及理论体系等整个中国当代马克思主义美学的建构和发展。当然，在这一过程中，收获最大的是实践美学。通过论争，实践美学一跃成为中国当代马克思主义美学的主流学派。

进入20世纪90年代，随着中国经济政治的转型，美学研究也开始发生了转型。与此同时，作为主流学派的实践美学因其理论观点的缺陷受到前所未有的挑战。自杨春时在90年代初提出要超越实践美学、建立超越美学之后，生命美学、存在论美学、体验美学等后实践美学诸派别纷纷出现，形成一股超越实践美学的后实践美学研究取向。他们一致认可实践美学所取得的成绩和在历史中的贡献，但同时也认为，实践美学是一种古典形态的理性主义美学，把美学研究置于理性主义的主客二分的模式中，带有不可避免的理论缺陷。实践美学从劳动实践论述说明美的本质，虽然说明了美产生的根源，但是，混淆了劳动实践与审美活动之间的差异，不能说明审美活动的本质特征。因此，他们在哲学基础上纷纷转向生存、存在、生命活动。90年代以来，随着社会主义市场经济体制的逐步建立，大众文化市场逐渐繁荣，大量出现的新的文化现象成为美学研究的新的时代课题。由此，审美文化研究兴起。审美文化研究者认为，在当前的时代，经典的美学话语虽仍然保持着持久的魅力，但已经不能解释新的文化现象，美学研究应随着科技、经济的转型而转型，转向审美文化研究。与此同时，在西方文化研究理论的推动下，中国当代的审美文化研究也成为90年代美学研究的一种研究取向。

在经济获得高速发展的同时，也带来了其负面的影响，生态环境问题日渐突出。生态思维开始作为一种新的思维方式逐渐越出生态学，延伸到其他学科领域。在这种时代背景下，90年代中期一些美学研究者提出了建构生态美学的设想，并获得迅速发展。

如果说在20世纪五六十年代的美学大讨论和80年代的"美学热"中《手稿》都起着非常重要的作用的话，那么，在90年代以来的美学转型中，《手稿》是否还继续发生作用呢？事实证明，此时的《手稿》正以另一种方式参与着中国当代马克思主义美学的建构。所谓后实践美学诸派别虽然打着超越实践美学的旗号，但是，他们对曾经是实践美学"圣经"的《手稿》不但没有放弃，反而在不同层面上吸收和利用着《手稿》中的理论资源，比如，他们提出的生存、存在、生命活动，虽然其理论来源于西方的现代哲学和美学，却从《手稿》中寻找这些概念范畴的立论根据。审美文化研究的理论资源是西方的文化研究，而西方的文化研究与《手稿》又有着密切的关系，因此，审美文化研究在理论上与《手稿》的内在精神是相联系的，特别是其文化批判精神与《手稿》更是有着密切的关系。生态美学研究更是如此，因为《手稿》中的劳动实践理论也是论述人与自然关系的，其中包含着马克思的生态思想和美学思想。生态美学研究者大多对《手稿》的相关命题进行新的阐发，充分挖掘其中包含的生态维度。尽管如此，90年代以来，由于时代的环境变化，人们对《手稿》的态度发生了鲜明的变化，此时对《手稿》理论的研究也转变了阐发的角度。90年代以来对《手稿》的研究形成了两种新的研究思路：一是回归《手稿》的本真语境。持这种观点的研究者认为，过去由于受前苏联认识论的影响，对《手稿》存在着某种程度的误读，当前应当转换视角，对之进行新的解读，阐发马克思美学的本真含义，比如，张伟在《走向现实的美学》一书中对《手稿》美学的研究；二是对《手稿》进行新的理论挖掘。持这种观点的研究者认为，当前对《手稿》的研究，应借助西方当代哲学的理论成果，在新的哲学视野下对《手稿》的相关范畴和命题进行新解读，比如，朱立元的实践存在论美学的探索、生态美学研究者对《手稿》的解读等。

　　总之，我们可以说，是《手稿》塑造了中国当代马克思主义美学，也是中国当代马克思主义美学选择了《手稿》，给予了它应有的地位，二者是互动的。同时，我们也坚信，《手稿》在新的历史条件下，必将焕发出新的生命力，中国当代马克思主义美学将会走向一个新的辉煌的未来。

美学传统的形成与突破

"劳动"与"实践"①

——从二者的差异看艺术的本质问题

"实践"是马克思主义的一个重要范畴。它的重要地位越来越受到人们的重视。人们甚至认为马克思主义哲学的实质是实践的,把实践作为马克思主义哲学的本体论范畴。在文艺学、美学的研究领域,自 20 世纪五六十年代美学大讨论开始,实践派美学家开始把马克思《1844 年经济学哲学手稿》中关于劳动实践以及自然人化的理论引入美学研究,从而开启了一种新的美学派别。新时期以来,实践派美学成为我国美学的主流派别。实践派美学理论也成为我国文艺学、美学领域的主流理论。然而,近年来在"实践"作为马克思主义的一个重要范畴越来越受到重视的同时,文艺学、美学研究领域的实践派美学却受到多方面的非议,各种试图超越实践派美学的理论也纷纷出现。原因何在,为了搞清问题的原委,我们不得不从实践派美学的核心概念"实践"开始作一番考察。

一

"实践"作为马克思主义哲学一个重要概念范畴,是马克思在《关于费尔巴哈的提纲》(以下简称《提纲》)中提出来的。这个《提纲》被恩格斯

---

① 此文发表于《理论月刊》2009 年第 9 期。

称为"包含着新世界观的天才萌芽的第一个文件"。① 从马克思 1845 年写作这个《提纲》到现在，已经 160 多年了，它的天才思想仍然启迪着人们的思维，不断启发出新的思想火花。

何谓马克思主义的"实践"？马克思在《提纲》第一条中说："从前的一切唯物主义（包括费尔巴哈的唯物主义）的主要缺点是：对对象、现实、感性，只是从客体的或者直观的形式去理解，而不是把它们当作感性的人的活动，当作实践去理解，不是从主体方面去理解。"②马克思认为包括费尔巴哈在内的旧唯物主义在批驳唯心主义的虚幻的意识的同时，自己却走到了另一个极端，对感性的把握仅限于直观，没有合理吸收黑格尔哲学的合理内核——辩证法。他们在思维方式上，和唯心主义一样，是形而上学的。对对象、现实、感性采取了抽象的理解，仅仅从形式上去理解，而没有从实践去理解，割裂了对象与人的意识之间的关系。因此，马克思批评说："不是从主体方面去理解。因此，和唯物主义相反，能动的方面却被唯心主义抽象地发展了。"③从这里，可以看出，马克思的实践概念，是包含着主体的能动性的活动，是一个沟通主客之间关系的重要范畴，是对唯物主义和唯心主义简单对立的思维模式的超越。

谈到这儿，实践的概念似乎搞清了，认为实践是主客体之间的活动，是包含主体的能动性的活动。但是，仅仅认识到这一点是不完整的。特别在实践派美学的研究中，由于对"实践"概念理解的偏差，造成对"实践"与"劳动"概念的混用，以致出现当前实践派美学研究的困境。

实践派美学虽名为实践，但其理论来源是马克思的《1844 年经济学哲学手稿》（以下简称《手稿》）。马克思的这一经典文本自从 1927 年被发现之后，立即引起了人们的高度重视，在研究论文和专著方面，可以说

---

① 《马克思恩格斯选集》第 4 卷，人民出版社 1995 年版，第 213 页。
② 《马克思恩格斯选集》第 1 卷，人民出版社 1995 年版，第 54 页。
③ 同上。

是汗牛充栋。实践派美学也恰恰是从马克思这一通篇绝大部分都在论述经济问题的著作出发阐发其美学思想的。而且其直接运用的理论是马克思的劳动理论。实践派的代表人物李泽厚在《美学四讲》中提到："我讲的'自然的人化'正是后一种，是人类制造和使用工具的劳动生产，是实实在在的改造客观世界的物质活动；我认为这才是美的根源。"①但是，这里有一个问题，那就是作为实践派美学的核心概念是"实践"，而作为其理论来源的经典文本《手稿》的重要概念是"劳动"。那么，"实践"和"劳动"作为马克思主义的两大范畴，有没有差别？能否不加区别地混用呢？从马克思的整个思想发展过程来看，《提纲》的思想比《手稿》要成熟。因此，在概念的使用上，二者绝不是简单的替代关系。

"异化劳动"的理论是贯穿马克思《手稿》的一根"红线"。马克思首先从人的类本质出发，认为："一个种的全部特性、种的类特性就在于生命活动的性质，而人的类特性恰恰就是自由的自觉的活动。"②在这里，马克思认为人作为类的本质的特性在于生命活动的特质，而这种生命活动的特质是自由自觉的活动，也就是劳动。接着，马克思论述了劳动的异化、异化的劳动，以及人与人之间关系的异化。马克思认为异化劳动是私有制的根源。只有消除异化劳动，进而消除私有制，进入共产主义，人的本质才得以复归，从而也完成了"人的本质——本质的异化——异化的扬弃（复归人性）"的人性和类本质的演化过程。马克思在《手稿》中的"异化"理论很明显带有费尔巴哈人本主义的痕迹。马克思对"劳动"概念的界定是一种抽象的本质界定，正如后来马克思在《德意志意识形态》中所批判的，是本末倒置的，不是从感性的活动、具体的历史出发的。而这恰恰是"实践"与"劳动"概念的差异所在。

单纯从主体与客体之间的关系看，"劳动"确实似乎等同于"实践"。

---

① 李泽厚：《美学三书》，安徽文艺出版社1999年版，第484页。
② 《马克思恩格斯全集》第42卷，人民出版社1979年版，第96页。

但是，大家都知道，马克思一生有两大发现：剩余价值理论和唯物史观。在人的本质的认识上，马克思在《手稿》中是从抽象的类出发来界定人的本质的，而在《提纲》中，马克思明确提出："人的本质不是单个人所固有的抽象物，在其现实性上，它是一切社会关系的总和。"①在这里，人已不是抽象的类本质，而是生活在历史中的活生生的人。马克思对人的本质的认识从单纯的抽象规定到社会关系的界定，是一个质的飞跃。同时，马克思认为："全部社会生活在本质上是实践的。凡是把理论引向神秘主义的神秘东西，都能在人的实践中以及对这个实践的理解中得到合理的解决。"②显然，马克思的《提纲》已经具有了唯物史观。实践，在这里作为人的感性活动具有了社会性和历史性，不再是抽象的、纯形式的了。

其实，对实践的历史性，我们很多时候已经认识到了，但是，在具体的操作过程中，又存在不同程度的忽视。一般讲"实践"概念时，还要附带讲实践的三大特征：客观物质性、主观能动性、社会历史性。但具体理解时又往往只突出其前两个特征，而对第三个特征的强调不很明显。这也就造成在实践派美学中，把实践与劳动两大概念范畴混同的局面。

"实践"与"劳动"相比，不但增加了社会历史性，同时在对象上也存在着不同。大家都知道，马克思的唯物主义历史观是通过生产力与生产关系之间的关系来揭示历史的发展规律的。生产力所揭示的是人与自然的关系，人改造自然的能力；而生产关系所揭示的是人与人的关系，即人的社会历史性。《现代汉语词典》中对实践的解释包含两个含义，一是实行（自己的主张），履行（自己的诺言）；一是人们改造自然和社会的有意识的活动。因此，"实践"的对象包含两个方面的内容，既包含生产力

① 《马克思恩格斯选集》第1卷，人民出版社1995年版，第56页。
② 同上。

美学传统的形成与突破

的方面，又包含生产关系的方面。虽然，马克思的唯物史观认为生产力决定生产关系，生产关系的变化和发展最终依靠生产力的发展。人们接触到的生产力，是不以人的意志为转移的，是客观的；但生产关系也反作用于生产力。人作为主体，具有能动性，不会仅仅依靠提高生产力，来等待生产关系的自然变化。如果是那样的话，人类的历史也不会发生革命了，共产主义也就会自然实现了。显然，这是不成立的。人不仅仅会不断提高生产力，同时也会不断对生产关系进行改造，在改造的过程中，甚至会发生革命。因此，才有实践的三大形式之一：革命实践。

那么，我们再来看马克思的"实践"概念，既包含人与自然的关系，也就是人对自然的改造，生产力的一面，同时，又包含社会历史性，并且也包含对生产关系的改造。而这两者统一于具体的实践中，由此，"实践"不仅仅是主观见之于客观的主体的能动的活动，还是生产力与生产关系两方面的统一。

<h1 style="text-align:center">二</h1>

不论是自然界的实践，还是社会领域的实践，都是人的实践，都是自觉的，同时也是追求自由的。因此，谈到"实践"，必然涉及"自由"。实践派美学也把美看成是"自由的形式"。① "自由"是马克思主义哲学的重要范畴，并且是马克思主义的重要旨归。尽管劳动缺少实践的历史性内涵，但是，"实践"与"劳动"却有相同之处，实践在抽象的意义上也是"自由的自觉的活动"。

人在劳动中是如何体现自身的自由自觉的呢？马克思认为："动物是和它的生命活动直接同一的。动物不把自己同自己的生命活动区别开来。它就是这种生命活动。人则使自己的生命活动本身变成自己的意志

---

① 李泽厚：《美学三书》，安徽文艺出版社 1999 年版，第 482 页。

和意识的对象。他的生命活动是有意识的。"①人在劳动中，把自己的活动本身变成自己意识的对象，人的劳动是有意识的，不同于动物，它没有和自己的生命活动区分开来，是出于本能的活动。对于自由，马克思认为："正是因为人是类的存在物，他才是有意识的存在物，也就是说，他自己的生活对他是对象。仅仅由于这一点，他的活动才是自由的对象。"②对马克思的这句话理解起来或许有些困难，但是当我们了解了马克思劳动的异化、人的不自由理论之后，或许更好理解。马克思认为当人与生产资料相分离之后，人的劳动异化了，人对自己的劳动产品不能自由的支配，人为了自己的生存而被迫劳动。反过来，自己的劳动的异化的产物——资本又来统治自己，进而人与人之间关系开始异化。只有消除异化劳动，消除私有制，人类重新获得生产资料，重新占有自己的劳动产品，人才能真正自由。虽然，当时马克思还没有形成唯物史观，但是，马克思在这里所说的自由已经是人自身的自由，是属于生产关系领域的自由。

如果说《手稿》是马克思早期著作，其中自由的观点还带有人本主义的痕迹的话，那么，在马克思和恩格斯成熟期的著作中对自由是如何论述的呢？马克思和恩格斯都对"自由"与"自由王国"作了描述。恩格斯在《反杜林论》中说："一旦社会占有了生产资料，商品生产就将被消除，而产品对生产者的统治也将随之消除。社会生产内部的无政府状态将为有计划的自觉的组织所代替。个体生存斗争停止了。于是，人在一定意义上最终地脱离了动物界，从动物的生存条件进入真正人的生存条件。……只是从这时起，人们完全自觉地自己创造自己的历史；只是从这时起，由人们使之起作用的社会原因才大部分并且越来越达到他们所预期的结果。这是人类从必然王国进入自由王国的飞跃。"③马克思在

① 《马克思恩格斯全集》第 42 卷，人民出版社 1978 年版，第 96 页。
② 同上。
③ 《马克思恩格斯选集》第 3 卷，人民出版社 1995 年版，第 633—634 页。

美学传统的形成与突破

《资本论》中说："事实上，自由王国只是在由必需和外在目的规定要做的劳动终止的地方才开始；因而按照事物的本性来说，它存在于真正物质生产领域的彼岸。像野蛮人为了满足自己的需要，为了维持和再生产自己的生命，必须与自然进行斗争一样，文明人也必须这样做；而且在一切社会形态中，在一切可能的生产方式中，他都必须这样做。这个自然必然性的王国会随着人的发展而扩大，因为需要会扩大；但是，满足这种需要的生产力同时也会扩大。这个领域内的自由只能是：社会化的人，联合起来的生产者，将合理地调节他们和自然之间的物质变换，把它们置于他们的共同控制之下，而不让它们作为盲目的力量来统治自己；靠消耗最小的力量，在最无愧于和最适合于他们的人类本性的条件下来进行这种物质变换。但是不管怎样，这个领域始终是一个必然王国。在这个必然王国的彼岸，作为目的本身的人类能力的发展，真正的自由王国，就开始了。但是，这个自由王国只有建立在必然王国的基础上，才能繁荣起来。工作日的缩短是根本条件。"①

　　马克思和恩格斯的论述虽然在语言上有所不同，但是含义却是相同的。从上面的论述中可以看到，人类追求自由包含两个方面的内容：人与自然、人与社会；用另一种方式表达就是生产力、生产关系。人要想获得真正的自由，当然离不开生产力的发展。马克思和恩格斯在《德意志意识形态》中论述道："生产力的这种发展（随着这种发展，人们的世界历史性的而不是地域性的存在同时已经是经验性的存在了）之所以是绝对必要的实际前提，还因为如果没有这种发展，那就只会有贫穷、极端贫困的普遍化；而在极端贫困的情况下，必须重新开始争取必需品的斗争，全部陈腐污浊的东西又要死灰复燃。其次，生产力的这种发展之所以是必须的前提，还因为：只有随着生产力的这种普遍发展，人们的普遍交往才能建立起来；普遍交往，一方面，可以产生一切民族中同时

---

　　① 《马克思恩格斯全集》第 25 卷，人民出版社 1974 年版，第 926—927 页。

都存在着'没有财产的'群众这一现象(普遍竞争),使每一民族同其他民族都依赖其他的变革;最后,地域性的个人为世界历史性的、经验上的普遍个人所代替。"①从论述来看,社会的发展必须依靠生产力的发展,特别是共产主义的实现离不开高度生产力的发展,但是,单纯生产力的发展并不能使生产关系自动地变化。没有生产力的发展,人类不可能获得最终解放,但是生产力的发展是手段,人类的解放是目的,是人类追求的目标。生产力的发展必须落实于生产关系。否则,即使人类把自然界的所有规律都认识了,在自然面前自由了,但是,当人仍然与生产资料相分离,人不能占有自己的劳动成果,人的自由何在?同时,我们在马克思的论述中也看到,人似乎永远也无法摆脱自然这个必然王国,而真正的自由王国只能是在"真正物质生产领域的彼岸",我们如何理解这个彼岸,当然这个彼岸不是宗教的天国,而是现实生活领域,是生产关系领域。而只有在生产关系领域,人自由地占有自己的生产资料,自由地支配自己的产品,人才真正自由。人的劳动实践才真正达到它的本质规定"自由自觉的活动"。

但是,我们的理论家在论述自由理论时却出现了偏差。由于我们对"实践"概念理解的偏差,也造成了对"自由"概念理解的偏差。把实践理解为主体对客体的改造,把实践仅限于生产力——自然的领域,因为实践最直接的客体是自然界,由此,自由当然就是人们如何在自然界中获得自由。人们如何摆脱自然的必然性呢?这时,引用最多的是恩格斯所说的:"自由在于根据对自然界的必然性认识来支配我们自己和外部自然界。"②同时,往往引用黑格尔的对自由的论述,自由是对规律的认识,没有无内容的空洞的自由。那么,在自然界,人类只有认识规律、把握规律,才能自由地利用自然,使自然为我服务,这时,以生产工具

① 《马克思恩格斯选集》第3卷,人民出版社1995年版,第86页。

② 同上书,第456页。

为标志的生产力不断向前发展，进而人在自然面前，人们的劳动才不断向"自由自觉"发展，人似乎获得了自由。这样说，有它的道理，但是，任何自由必须落实为社会环境，落实为生产关系。否则，我们必然得出科学家比我们更自由的结论。任何人要想获得真正的自由，必须有自由的社会环境。因为，人是社会性的，人不可能脱离社会而存在。仅仅掌握自然规律，而没有一个好的社会环境，好的生产关系，是不可能获得真正的自由的。更不用说，我们也无法穷尽自然界的规律。人在自然界面前，如马克思所言是无法摆脱必然王国束缚的。

三

艺术同样也是一种实践。它是属于哪一个领域的实践呢？这是我们首先要搞清楚的问题，因为对象的特性决定了掌握方式的不同。马克思在《〈政治经济学批判〉导言》中提出："整体，当它在头脑中作为被思维着的整体出现时，是思维着的头脑的产物，这个头脑用它所专有的方式掌握世界，而这种方式是不同于对世界的艺术精神的、宗教精神的、实践精神的。"[①]从中，我们看到，马克思把艺术作为一种特殊的掌握世界的方式。那么，作为掌握方式之一的艺术，它的对象是什么呢？艺术所属的实践具有什么样的特征呢？

几千年的艺术史说明，艺术是人创作的，是反映人的生活的。那么，它肯定不属于自然界，而是属于人的领域，属于社会领域，属于生产关系的领域。从大的学科区分来看，如果说自然科学是反映自然界的生产力领域的话，那么包括艺术在内的人文科学则属于社会的生产关系领域的。艺术反映与认识的不是自然界的规律，它反映的是人自身的生存境况，是人的现实存在。社会性是人的本质属性，因此，艺术是反映社会的，也就是在这个意义上，我们才可以真正理解"社会生活是文艺

---

① 《马克思恩格斯选集》第 2 卷，人民出版社 1995 年版，第 19 页。

的唯一源泉"。

列宁认为："生活、实践的观点，应该是认识论的首先的和基本的观点。"①文艺首先是对人自身的认识，当然首要的观点也是实践的观点，实践派美学从实践入手，表现了独有的理论眼光和远见卓识。但是，实践派美学是如何探求美的规律的呢？如何探求艺术问题呢？

实践派美学忽略了"实践"的社会历史性、生产关系等方面的内容，把"实践"简单等同于"劳动"。实践派美学探求美的规律所运用的理论是马克思在《手稿》中的对象化理论——自然的人化。马克思认为人的劳动是人的本质力量的对象化，也就是自然的人化，相应的劳动产品是人化的自然。在论述人的本质力量对象化时，马克思认为：动物也生产，"动物只生产自身，而人则再生产整个自然界；动物的产品直接同它的肉体相联系，而人则自由地对待自己的产品。动物只是按照它所属的那个种的尺度和需要来建造，而人却懂得按照任何一个种的尺度来进行生产，并且懂得怎样处处都把内在的尺度运动到对象上去；因此，人也按照美的规律来建造"。② 由此，劳动是人的主体内在尺度的对象化，是人的本质的对象化。同时，"人也按照美的规律来塑造物体"，在劳动过程中，人的本质力量对象化了，人在自己的产品中看到了自己的本质力量，因而感到愉悦。

而如何最好地对象化呢，显然人只有在实践中获得对事物的认识，只有当事物以及客观世界的规律为人所把握了，人在自然面前才获得自由，也就是进入了审美的世界。李泽厚在《美学四讲》中明确提出："科技工艺已经构成当代社会的生存基础，即是说由现代科技工艺所构成的生产力，是今天人类作为本体存在的基础。它自然成为人类学本体论即主体论实践美学所最关注的问题之一。""但迄今为止的美学却极少涉及

---

① 《列宁选集》第 2 卷，人民出版社 1995 年版，第 103 页。
② 《马克思恩格斯全集》第 42 卷，人民出版社 1978 年版，第 96 页。

美学传统的形成与突破

这个问题，很少提及技术美学。按照本书的哲学，技术美正是美的本质的直接揭露。美之所以是自由的形式，不也正是通过技术来消除目的性与规律性的对峙，以达到从心所欲，恢恢乎游刃有余吗？庖丁解牛是古代的个人故事，现代科技工艺不正是使整个人类将要处在或正在追求这种自由的王国吗？"①实践派美学只抓住了庖丁解牛的"技"，而忘了庖丁是"进乎技艺"的。在艺术、美的本质上，只注意了生产力，而忽略了人自身存在的生产关系。

这种理论也延伸到了文艺学、美学研究领域。实践派美学从自然的人化理论出发，认为主体在对象化过程中，必须把握美的规律，把自己美的尺度对象化到产品当中去。对创作的主体而言，掌握的客体的美的规律越熟练，那么创作出的作品越美。因为创作本身面临一个艺术形式的问题，所以突出的是艺术的形式美、文学的语言美。

从实践派美学整个的论述来看，人类在自己的产品面前，欣赏的是自己的创造力，是在欣赏自己。但是，这个理论有一个矛盾的地方，一面承认艺术是对人的全面的整体的反映，人在艺术中体验到的是一种全面的自由。但是，人在创造自己产品时所运用的本质力量，肯定不是人的全部。即使从整体而言是人的创造力，但它是人的一种能力，不是人的全部，不是人的整体。艺术是对人整体的关注，是对人的全面的关注。同时，当人类社会进入 21 世纪的时候，人类已经惊叹自己究竟是在创造世界，还是在毁灭世界？我们对自己的创造力产生的"杰作"——自然生态的恶化——如何能"美"得起来呢？

通过前文的分析我们知道，实践既包含生产力的方面，又包含生产关系的方面。"实践"不同于"劳动"，实践概念具有历史性、关系性。而劳动的对象只是自然界。进一步而言，马克思《手稿》中的劳动对象是经济学的，是现实的工业产品，其包含的劳动对象在范围上是十分有限

① 李泽厚：《美学三书》，安徽文艺出版社 1999 年版，第 492 页。

的，而人的实践的范围是十分广阔的。但是，实践派美学由于忽略了实践的社会性层面，在概念使用上等同于劳动。马克思在《手稿》中的劳动具体而言是工业劳动，当然是面向自然界的。劳动的对象化理论也是面向自然界的，是属于生产力的范围。而文艺的对象是属于社会领域的，是属于生产关系领域。而在运用劳动理论时，也没有区分劳动的对象问题，把劳动的对象混同于艺术的对象，把艺术问题等同于自然领域的问题，把对象搞错了，在研究中出现困境是其理论的必然。

那么，当我们把艺术实践的对象投向社会领域的时候，人的对象化的内在尺度，绝对不仅仅是对自然界的规律的把握，美的规律也不再是客观事物的规律，而具有了广阔的社会内涵，特别是对人生存处境、对自身的关注。

人在现实的实践中所能做的是使社会关系有利于人生活，使社会和谐发展。共产主义是人类社会的美好形态，是人的全面解放的社会。但是，即使在共产主义社会，也不会完全摆脱一切束缚。我们可以看看马克思对未来共产主义的描述："而在共产主义社会里，任何人都没有特殊的活动范围，而是都可以在任何部门内发展，社会调节着整个生产，因而使我可能随着自己的兴趣今天干这事，明天干那事，上午打猎，下午捕鱼，傍晚从事畜牧，晚饭后从事批判，这样就不会使我老是一个猎人、渔夫、牧人或批判者。"[1]在这里可以看到，人类的自由解放，首先是制度下的解放，属于生产关系领域的自由。也如马克思在手稿中所论述的自由是人能够自由地占有自己的劳动成果，自由地进行自己的劳动。马克思在《德意志意识形态》中进一步论述道："只有在这个阶段上，自主活动才同物质生活一致起来，而这又是同各个人向完整的个人的发展以及一切自发性的消除相适应的。同样，劳动向自主活动的转化，同过去的受制约的交往向个人本身的交往的转化，也是相互适应的。随着

---

① 《马克思恩格斯选集》第2卷，人民出版社1995年版，第85页。

联合起来的个人对全部生产力总和的占有，私有制也就终结了。"①

　　艺术作为一种对社会关系的实践，是对人自身的关注，它是对人生存境况的关注。同时，作为感性活动的实践，是现实的，受生产力的发展制约的。而作为艺术家，虽然也是对生产关系的实践，但是作为一种艺术实践，是想象的实践，具有超越性，表达的是人们对美好未来的向往。人们自古就有不患贫而患不均的观念，"贫"是生产力，而"不均"是生产关系。广大的人民对生产关系是否合理、是否有利于自身的自由的关心甚于对生产力高低的关心。而人们在实践中的能动性，体现于生产关系方面，就是渴望生产关系逐渐地向合理性转化。所以，文艺不仅仅是反映，而且是能动的创造性的反映，体现为对生产关系的改造与理想，对人理想生存的探求与思考。这正是实践派美学所忽视的，也恰恰是艺术的本质所在。

附录一 「劳动」与「实践」

---

① 《马克思恩格斯选集》第 1 卷，人民出版社 1995 年版，第 130 页。

附录二 "美的规律"与西方现代美学的互动阐释[*]

关于"美的规律"内涵的解释是我国当代美学研究中争论不休的问题，可以说是一个老问题，但又是一个新问题。因为在中国当代美学研究中，任何一种新的美学流派或美学观点的出现，都会论及有关"美的规律"内涵的解释。因此，解开"美的规律"的内涵尽管比较繁难，却又是一个十分必要的问题。"美的规律"的内涵究竟是什么？本文以为应结合《1844年经济学哲学手稿》（以下简称《手稿》）诞生的美学背景——西方现代美学来理解。只有从大的美学背景出发，才能更贴近马克思所言"美的规律"的本真内涵。

一

美学研究的自觉是由古希腊柏拉图开启的。他在《大希庇阿斯篇》中以苏格拉底的口吻向希庇阿斯发问"什么是美？"这一问开启了西方美学研究的历史，同时也开启了西方古典美学的研究思路，即把美作为一种客观的实体进行研究。虽然"苏格拉底"一再声明他问的不是"什么东西

---

* 原文发表于《吉林师范大学学报》2009年第3期，此处为原稿，发表时略有删节。

是美的，而是：什么是美？"①但是，他们的论辩首先肯定的前提是把美作为一种客观的实体，"美也是一个实体的东西"。② 因此，柏拉图在《大希庇阿斯篇》中对"什么是美"的发问，如同他的哲学一样，虽然是在追问事物背后的本体，但这一本体是一种客观的实体。什么是美？柏拉图回答美是理念，他的学生亚里士多德回答美在形式，普洛丁回答美在光辉，等等。尽管他们各自对美的具体回答是不同的，但他们的出发点是一致的，即都把美作为一种客观的实体进行研究。

这一古典美学的研究思路到了近代开始发生改变。首先启动这一改变的是 18 世纪的英国经验主义。当时一些英国哲学家着力于对人的鉴赏力进行研究，原意想为美的客观判断寻找一种基础和准则，结果却发现美不仅仅在客观，还在主观。这样，人的主观方面被逐渐突出出来。恰在这时，1750 年，鲍姆加登以 aesthetics 给美学命名。aesthetics 原意是感性学，鲍姆加登认为人的认识不仅仅有理性认识，还有包含艺术等在内的感性认识，并把感性认识独立出来进行研究，以 aesthetics 为其命名。从命名的角度来看，美学的研究对象应是人的感性认识，而不是传统意义上的"美"。如此，鲍姆加登从命名的角度确立了西方现代美学的研究对象。其实，这位被称为"美学之父"的鲍姆加登只是给美学起了个好听的名字，并没有使美学这门现代学科真正建立起来，而真正使之建立起来的是康德。

康德把人的认识能力分为悟性(也称知性)与理性。他认为人的悟性只能认识世界的现象，而对世界本身——"物自体"是无能为力的。人们对"物自体"的认识只能在实践理性领域。如此，康德在他的哲学体系上就出现了一个理论的鸿沟——悟性与理性之间无法沟通。为了沟通他的哲学体系的需要，康德写了第三大批判《判断力批判》。在导论中康德提

---

① 柏拉图：《文艺对话集》，朱光潜译，人民出版社 1963 年版，第 180 页。
② 同上。

出："我们必须有一个作为自然界基础的超感觉界和在实践方面包含于自由概念中的那些东西的统一体的根基。"①那么，这一根基是什么呢？康德认为是判断力。"在悟性和理性之间，仍有一个中间分子，这就是判断力。"②通过类比原理，康德认为："因为心灵的一切机能或能力可以归结为下列三种，它们不能从一个共同的基础再作进一步的引申了，这三种就是：认识机能，愉快及不愉快的机能和欲求的机能。"③判断力不仅连接着悟性与理性，而且与人的愉快与不愉快的情感相连，与艺术和美相连。这样，康德在哲学上不仅通过判断力弥补了其体系上的鸿沟，又在客观上为美的主观存在争得了合法性根据，为美学的现代转型奠定了哲学根基。

当然，美学的现代转型并不意味着人们不再从客体角度研究美学问题，只是美学在经历现代转型进入现代美学之后，人们开始认识到探讨美学问题已经离不开人这一主体而存在。马克思在《手稿》中是从人的生命活动——劳动实践来论述"美的规律"范畴的，这恰恰说明了马克思已经注意美的产生与存在是离不开人这一主体的。在《手稿》中马克思还认为："被抽象地孤立地理解的、被固定为与人分离的自然界，对人来说也是无"。④ 可以看出，马克思在写作《手稿》时，其哲学观已经开始摆脱费尔巴哈等旧唯物主义只是从直观的角度认识世界，而已开始从实践的角度认识世界了。由此，我们可以认为马克思的《手稿》美学观已经超越了古典，走向了现代。因此，当我们理解马克思在《手稿》中提出的"美的规律"美学范畴时，结合西方现代美学这一大的理论背景是十分必要的。

---

① 康德：《判断力批判》，宗白华译，商务印书馆 1964 年版，第 13 页。
② 同上书，第 14 页。
③ 同上书，第 15 页。
④ 《马克思恩格斯全集》第 42 卷，人民出版社 1979 年版，第 178 页。

美学传统的形成与突破

二

西方现代美学抛弃了单纯从美的事物背后寻找美本身的努力，转向审美经验的研究。什么是审美经验？不同理论家有不同的认识。从众多现代美学对审美经验的定义来看，有两点非常突出。首先，经验意味着一种关系。西方现代美学把研究思路转向审美经验，意味着是从关系的角度探讨美学问题。其次，突出主体性。经验即是体验，是主体的感受，所谓审美经验就是主体心理的审美过程。

马克思在《手稿》中是在劳动实践中论述"美的规律"范畴的。劳动实践是人的本质力量的对象化。在劳动实践中，包含三种基本规律：真、善、美。这三种规律都是生产规律，也是一种关系规律。因为不论真、善、美，离开了主体的人，都是"无"。马克思的辩证唯物主义与一切旧唯物主义的不同就是马克思不是从直观的角度来理解世界，而是从实践的角度来理解世界。"从前的一切唯物主义（包括费尔巴哈的唯物主义）的主要缺点是：对对象、现实、感性，只是从客体的或者直观的形式去理解，而不是把它们当作人的感性活动，当作实践去理解，不是从主观方面去理解。"①实践不仅仅是一种物质活动，还代表着一种关系思维方式。我国传统"美的规律"研究也是从马克思论述的劳动实践来理解其内涵的，不过由于对马克思主义的机械化理解，把关系拉向了客观的美的事物的一方。在某种程度上忽视了"美的规律"的主体维度，造成了理解的偏差。

"美的规律"，既然是"规律"，能否是主体的审美规律呢？这看似是一个常识的问题，却一直是我国美学界理解"美的规律"内涵的一个潜在障碍。我国传统美学研究由于从机械唯物主义出发，片面追求客观性，对"美的规律"中"规律"一词也特别感兴趣。因为从机械唯物主义出发，

① 《马克思恩格斯选集》第1卷，人民出版社1995年版，第54页。

规律好像仅仅意味着客观，它只存在于不以人的意志为转移的客观世界中，不会出现于主体的心理中。在那个荒谬的年代，心理学这一学科甚至被取消这一事实足以为证。蔡仪在《马克思究竟怎样论美？》中论述道："既然美是一种规律，而规律都是客观的，那么，美是客观的，就得到了进一步的论证了。"①李泽厚也是从这一意义来理解"规律"的，不过他所指"美的规律"的客观性不是自然规律的客观性，而是社会历史发展规律的客观性。

那么，我们又应如何理解《手稿》中的"美的规律"范畴中"规律"一词呢？结合马克思主义整个哲学的精神无疑是十分必要的。马克思主义哲学是实践的哲学，是对一切旧唯物主义和唯心主义哲学的革命性超越。当我们从实践的角度理解对象、现实、感性的时候，所谓自然界的规律也是人的一种认识，并且也是随着人的实践而不断得到深化。规律既然是人对客观世界的一种认识，也是相对主体而存在的。因此，在马克思的哲学体系中，"规律"不仅仅指绝对客观性这种单一的旧唯物主义式的理解，还包含另一层含义，即一切规律都是在实践领域中可以认识的，可以为实践所把握的。马克思主义哲学的一个核心的思想不是执意坚持客观论，而是坚持可认识性、可把握性。因为马克思主义哲学的目的不仅仅是解释世界，而是改造世界。而改造世界的首要前提，是对象的可知性、可把握性。如此，规律不仅存在于客观世界，也可以存在于人这一主体世界。

这样，关于"美的规律"的理解有两种可能性：一是美的事物的规律；二是主体的审美规律。从现代美学的背景来看，美不再是单纯存在于客观事物的，离开了主体的客观的美是不存在的。马克思自己也是不承认有美的永恒规律存在的。在《第六届莱茵省议会辩论（第一篇论文）》中马克思论述道："如果我向一个裁缝定做的是巴黎式燕尾服，而他却

---

① 《蔡仪文集》(4)，中国文联出版社 2002 年版，第 147 页。

给我送来了一件罗马式长袍，因为他认为这种长袍更符合美的永恒的规律，那该怎么办呵！"①显然，马克思否认了美的规律永恒的客观性。因此，我们可以说马克思所言"美的规律"已不是古典美学理解方式下的美的事物的规律，而是包含着主体的审美规律。

三

西方现代美学不但在研究思路上完成了现代转型，在其内容上也完成了现代转型。康德把判断力与人的情感相连，认为人的审美判断力就是情感判断力。表现主义美学家克罗齐的"直觉即表现"、自然主义美学家桑塔耶那的"美是对象化的快乐"、形式主义美学家克莱夫·贝尔的"有意味的形式"、符号论美学家苏珊·朗格的"情感的符号"以及存在主义美学家海德格尔的"此在"直观等现代美学无不把美与人的感性、情感相连。情感成为现代美学研究的重要的内容。马克思在《手稿》中提出的"美的规律"是否也与情感相关呢？如果是，那么，它与西方现代美学的理解又有什么不同呢？

从马克思对劳动过程的论述来看，包含三种基本的规律：真、善、美。三种基本规律，都是劳动实践过程的生产规律，也都是人的本质力量对象化的规律。作为三种规律，其对应的本质力量是什么呢？真对应的是认识（力），善对应的是实践（力），美对应的是审美（力），这里的"力"是本质力量之力。审美，其对应的本质力量是什么呢？

马克思在论述"美的规律"范畴时提到三个重要的尺度："种的尺度"、"物种的尺度"、"内在尺度"。我国传统"美的规律"研究无不围绕这三个尺度的理解展开争论。"种的尺度"是指动物本能的尺度，在理解上没有争论。"物种的尺度"，有人认为是指物的尺度，是客观的；也有人根据前后文，认为其不是物的尺度，而是作为物种"主体"的尺度。总

---

① 《马克思恩格斯全集》第 1 卷，人民出版社 1995 年版，第 192—193 页。

体而言，这两种理解差别不大，不论理解为物的尺度，还是物种"主体"的尺度，都是一种客观的尺度，不影响对句意的理解。无疑，关于"内在尺度"的理解则成为争论的焦点。有人认为"内在尺度"是指事物的本质特征；有人认为内在尺度是人的尺度，是人的需要，是人的生产目的。"内在尺度"到底指什么呢？从语法的角度看，由于马克思在论述中，inhärente（内在的）承前省略了第三格名词，致使"内在尺度"的归属有了两种可能。"谁的尺度就有两种可能，既可理解为主体人的尺度，也可以理解为客体的内在尺度。"①由此看来，只是从语法的角度来理解，已是很难解决了。那么，我们只能求助于马克思整个哲学的精神。前文已经论述过马克思主义哲学是实践的哲学，其目的不仅仅是认识世界，还是改造世界，那么，改造世界必然体现人的需要和改造的目的，但从"种的尺度"和"物种的尺度"都看不出人作为人的需求和目的。那么，从马克思主义哲学的精神和《手稿》的语境来看，这里的"内在尺度"在两种可能性之中只能是人的内在尺度。

"内在尺度"在劳动实践中表现为人的需要和目的，同时根据人的需要和目的满足的情况又与人的最基本体验——情感相连。作为需要和目的的"意"或"志"与"情"往往是连在一起的。我国著名老心理学家潘菽认为："因为'情'和'意'在实际上是密切结合在一起而难于分割的。情由意生，或意由情生。二者是实质相同而形式有异的东西。"②我国古代经学家孔颖达也认为："在己为情，情动为志，情、志一也。"(《春秋·左传正义》)情感与作为人需要和目的的"意"或"志"是很难分开的，二者是二而一、一而二的关系。因此，人的情感也必然包含在"内在尺度"当中。那么，情感在人的劳动过程中，能否会成为一种独立的力量起作用呢？马克思在《手稿》中论述道："热情、激情是人类向他的对象拼命追

① 应必诚：《〈巴黎手稿〉与美学问题》，《中国社会科学》1998年第3期。
② 潘菽主编：《意识——心理学的研究》，商务印书馆1998年版，第17页。

美学传统的形成与突破

求的本质力量。"①由此可见，情感是劳动过程中人的一种重要的本质力量，也是我们寻找的创造美的重要本质力量。劳动实践过程作为人的本质力量的对象化，不但包含认识的真，实践的善，还包含情感的美。同时，马克思的情感本质力量与现代美学对情感的理解是不同的。在他们看来，情感是先验的、与生俱来的，而马克思的情感是实践的产物。马克思认为："不仅五官感觉，而且所谓精神感觉、实践感觉（意志、爱等等），一句话，人的感觉、感觉的人性，都只是由于它的对象性的存在，由于人化的自然界，才产生出来。五官感觉的形成是以往全部世界历史的产物。"②

　　总之，只有结合马克思美学诞生的西方现代美学背景，对"美的规律"的理解才能更贴近其本真内涵。马克思在《手稿》中所言的"美的规律"不是仅仅只关系客体——美的事物的规律，而是包含着主体的审美规律。"美的规律"作为生产规律之一，其对应的本质力量是情感。一句话，"美的规律"的内涵是包含着主体情感的审美规律。

　　① 《马克思恩格斯全集》第 42 卷，人民出版社 1979 年版，第 169 页。
　　② 同上书，第 126 页。

附录二　『美的规律』与西方现代美学的互动阐释

参考文献

马克思：《1844 年经济学哲学手稿》，人民出版社 2000 年版。

http://www.marxist.org.（马克思《1844 年经济学哲学手稿》的德文版、俄文版、英文版）。

《马克思恩格斯选集》(1—4 卷)，人民出版社 1995 年版。

《马克思恩格斯全集》，人民出版社 1956～1985 年第 1 版。

列宁：《哲学笔记》，人民出版社 1960 年版。

《毛泽东选集》(1—4 卷)，人民出版社 1991 年版。

《毛泽东论文艺》，人民文学出版社 1992 年版。

《周恩来选集》，人民出版社 1980 年版。

黑格尔：《精神现象学》，商务印书馆 1983 年版。

费尔巴哈：《费尔巴哈哲学著作选》，商务印书馆 1984 年版。

杨柄编：《马克思恩格斯论文艺和美学》，文化艺术出版社 1982 年版。

[英]戴维·麦克莱伦：《马克思传》，中国人民大学出版社 2006 年版。

[英]麦克莱伦：《马克思主义以前的马克思》，李兴国等译，社会科学文献出版社 1992 年版。

[法]科尔纽：《马克思恩格斯传》，生活·读书·新知三联书店 1980 年版。

[德]卡尔·洛维特：《从黑格尔到尼采》，李秋零译，生活·读书·新知三联书店 2006 年版。

[英]霍夫曼：《实践派理论和马克思主义》，周裕昶、杜章智译，科学文献出版社 1988 年版。

[匈]卢卡契：《审美特性》第一卷，中国社会科学出版社 1986 年版。

[民主德国]汉斯·科赫：《马克思主义和美学》，佟景韩译，漓江出版社 1985 年版。

[苏]奥伊尔曼：《马克思的〈经济学—哲学手稿〉及其解释》，刘丕坤译，人民出版社 1981 年版。

[苏]Л. Н. 巴日特诺夫：《哲学中革命变革的起源——马克思的〈1844 年经济学—哲学手稿〉》，刘丕坤译，中国社会科学出版社 1981 年版。

《西方学者论〈一八八四四年经济学—哲学手稿〉》，复旦大学出版社 1983 年版。

《1844 年经济学哲学手稿》研究（文集），湖南人民出版社 1983 年版。

陆梅林、程代熙主编：《异化问题》，文化艺术出版社 1986 年版。

杨适：《马克思〈经济学—哲学手稿〉述评》，人民出版社 1982 年版。

熊子云：《〈1844 年经济学哲学手稿〉概要》，中国人民大学出版社 1983 年版。

田其治：《马克思〈1844 年经济学哲学手稿〉试释》，山西人民出版社 1987 年版。

闫树森：《创立马克思主义理论体系的开端》，求实出版社 1987 年版。

刘永佶：《马克思经济学手稿的方法论》，河南人民出版社 1993 年版。

孙伯鍨：《探索者道路的探索——青年马克思恩格斯哲学思想研究》，南京大学出版社 1985 年版。

陈先达：《陈先达文集——走向历史的深处》（第一卷），中国人民大学出版社 2006 年版。

陈先达：《陈先达文集——马克思早期思想研究》（第二卷），中国人民大学出版社 2006 年版。

陈先达：《处在夹缝中的哲学——走向 21 世纪的马克思主义哲学》，北京大学出版社 2004 年版。

张一兵：《回到马克思——经济学语境中的哲学话语》，江苏人民出版社 2003 年版。

张一兵：《马克思历史辩证法的主体向度》，河南人民出版社 1995 年版。

徐崇温：《"西方马克思主义"》，天津人民出版社 1982 年版。

陈学明：《西方马克思主义教程》，高等教育出版社 2001 年版。

叶卫平：《西方"马克思学"研究》，北京出版社 1995 年版。

吴德勒：《永远的马克思》，上海大学出版社 2004 年版。

胡福明主编：《马克思主义实践论与邓小平理论的哲学基础》，南京大学出版社 1998 年版。

汤龙发：《异化和哲学美学问题——〈巴黎手稿〉新探》，湖南人民出版社 1988 年版。

朱立元：《历史与美学之谜的求解——论马克思〈1844 年经济学—哲学手稿〉与美学问题》，上海学林出版社 1992 年版。

朱立元：《美学与实践》，广西师范大学出版社 1996 年版。

夏之放：《异化的扬弃——〈1844 年经济学哲学手稿〉的当代阐释》，花城出版社 2000 年版。

王向峰：《〈手稿〉的美学解读》，辽宁大学出版社 2003 年版。

《第三届鲁迅文学奖获奖作品丛书——理论评论》，华文出版社 2005 年版。

张伟：《走向现实的美学——〈巴黎手稿〉美学研究》，人民出版社 2004 年版。

程代熙主编：《马克思〈手稿〉中的美学思想讨论集》，陕西人民出版 1983 年版。

《马克思手稿中的美学问题》，黑龙江人民出版社 1984 年版。

《马克思哲学美学思想论集——纪念马克思逝世一百周年》，山东人民出版社 1982 年版。

《马克思哲学美学思想论集》，山东人民出版社 1982 年版。

《马克思哲学美学思想研究》，湖南人民出版社 1983 年版。

《中国当代美学论文选》（1—3 卷），重庆出版社 1984 年版。

美学传统的形成与突破

《马列文论研究》(第八集)，中国人民大学出版社 1987 年版。

《美学论丛》(1)，长江文艺出版社 1979 年版。

《马克思主义文艺理论研究》(1，2，3，5，12)，文化艺术出版社1984－1989
年版。

梁启超：《饮冰室合集·文集之十二》(10—19)，中华书局 1989 年版。

《周扬文集》第一卷，人民文学出版社 1984 年版。

周扬：《我国社会主义文学艺术的道路》，人民文学社 1960 年版。

《蔡仪文集》(1－10)，中国文联出版社 2002 年版。

《朱光潜全集》第 1 卷，安徽教育出版社 1987 年版。

《朱光潜全集》第 5 卷，安徽教育出版社 1989 年版。

《朱光潜全集》第 10 卷，安徽教育出版社 1993 年版。

《朱光潜美学文集》第 3 卷，上海文艺出版社 1983 年版。

李泽厚：《美学三书》，安徽文艺出版社 1999 年版。

《李泽厚哲学美学文选》，湖南人民出版社 1985 年版。

李泽厚：《美学论集》，上海文艺出版社 1980 年版。

《李泽厚哲学文存》，安徽文艺出版社 1999 年版。

李泽厚：《走自己的路》，北京三联书店 1986 年版。

刘纲纪：《美学与哲学》，湖北人民出版社 1986 年版。

刘纲纪：《艺术哲学》，湖北人民出版社 1986 年版。

马奇：《艺术哲学论稿》，山西人民出版社 1985 年版。

蒋孔阳：《美在创造中》，广西师范大学出版社 1997 年版。

蒋孔阳：《美学新论》，人民文学出版社 1993 年版。

蒋孔阳：《德国古典美学》，商务印书馆 1980 年版。

高尔泰：《美是自由的象征》，人民文学出版社 1986 年版。

周来祥：《论美是和谐》，贵州人民出版社 1984 年版。

周来祥：《再论美是和谐》，广西师范大学出版社 1996 年版。

陆梅林：《唯物史观与美学》，光明日报出版社 1991 年版。

杨安仑主编：《美学纲要》，湖南人民出版社 1988 年版。

参考文献

杨恩寰主编：《美学引论》，人民出版社 2005 年版。

刘再复：《文学的反思》，人民文学出版社 1986 年版。

童庆炳：《文学审美特征论》，华中师范大学出版社 2000 年版。

钱中文：《新理性精神文学论》，华中师范大学出版社 2000 年版。

杨春时：《生存与超越》，广西师范大学出版社 1998 年版。

潘知常：《生命美学论稿——在阐释中理解当代生命美学》，郑州大学出版
社 2002 年版。

徐恒醇：《生态美学》，陕西人民教育出版社 2000 年版。

曾繁仁：《生态存在论美学论稿》，吉林人民出版社 2003 年版。

栾栋：《美学的钥匙》，陕西人民出版社 1983 年版。

施昌东：《"美"的探索》，上海文艺出版社 1980 年版。

朱存明：《美的根源》，中国社会科学出版社 2006 年版。

狄其骢主编：《马克思恩格斯艺术哲学》，山东文艺出版社 1991 年版。

谭好哲：《文艺与意识形态》，山东大学出版社 1997 年版。

何洛等编：《实践与美学》，书目文献出版社 1982 年版。

蒯大申：《朱光潜后期美学思想研究》，上海社会科学院出版社 2001 年版。

Ban Wang：*The Sublime Figure of History*：*Aesthetics and Politics in
Twentieth-Century*，Stanford University Press，1997.

钱竞：《马克思主义美学思想的发展历程》，中央编译出版社 1999 年版。

马驰：《马克思主义美学传播史》，漓江出版社 2001 年版。

汝信、王德胜主编：《美学的历史——20 世纪中国美学学术进程》，安徽教
育出版社 2000 年版。

封孝伦：《二十世纪美学史》，东北师范大学出版社 1997 年版。

聂振斌主编：《思辨的想象——20 世纪中国美学主题史》，云南大学出版社
2003 年版。

朱存明：《情感与启蒙：20 世纪美学发展史》，西苑出版社 2000 年版。

章启群：《百年中国美学史略》，北京大学出版社 2005 年版。

陈望衡：《20 世纪中国美学本体论问题》，湖南教育出版社 2001 年版。

美学传统的形成与突破

戴阿宝、李世涛：《问题与立场——20世纪中国美学论争辩》，首都师范大学出版社 2006 年版。

陈伟：《中国现代美学思想史纲》，上海人民出版社 1993 年版。

阎国忠：《走出古典——中国当代美学论争述评》，安徽教育出版社 1996 年版。

阎国忠：《美学建构中的尝试与问题》，安徽教育出版社 2001 年版。

赵士林：《当代中国美学研究概述》，天津教育出版社 1988 年版。

张涵主编：《中国当代美学》，河南人民出版社 1990 年版。

徐碧辉：《实践中的美学——中国现代性启蒙与新世纪的美学建构》，学苑出版社 2005 年版。

章辉：《实践美学——历史谱系与理论终结》，北京大学出版社 2006 年版。

何志钧等主编：《马克思主义文艺学：从经典到当代》，中国文联出版社 2007 年版。

彭锋：《引进与变异：西方美学在中国》，首都师范大学出版社 2006 年版。

凌继尧：《苏联当代美学》，黑龙江人民出版社 1986 年版。

程正民：《20世纪俄苏文论》，百花文艺出版社 1994 年版。

汪介之：《回望与沉思——俄苏文论与二十世纪中国文学》，北京大学出版社 2005 年版。

张大明编著：《西方文学思潮在现代中国的传播史》，四川教育出版社 2001 年版。

林伟民：《中国左翼文学思潮》，华东师范大学出版社 2005 年版。

朱寨主编：《中国当代文学思潮史》，人民出版社 1987 年版。

参考文献

后　记

　　本书是在我的博士论文的基础上修改而成的。岁月匆匆，博士毕业将近四年了。记得十年前，有幸拜在谭好哲老师门下，攻读硕士学位。硕士毕业后，接着跟随谭老师继续攻读博士学位。六年中，是谭老师的谆谆教诲引领我走上了学术之途，也是谭老师的犀利目光，使我不敢对学术有任何的懈怠。

　　记得上学的时候，谭老师经常嘱咐我们做学问要脚踏实地，不要盲目追求新潮。因为一门学科发展是靠基本问题的研究来推动的，在基本问题的研究中哪怕是前进一小步，对整个学科而言都是非常重要的。当时，自己暗下决心，一定要做基本问题研究。在跟随谭老师学习的过程中，是谭老师的一次讨论课，使我对青年马克思的《手稿》产生了浓厚的兴趣。老师让我们思考《手稿》的当代价值。在他看来，在中国当代美学发展史中，《手稿》研究无疑起着非常重要的作用。但是，我们需要考虑的是，在当代它是否还有其他价值。我在课下认真阅读了《手稿》。通过仔细阅读发现，中国当代马克思主义美学中的许多理论问题都是出自《手稿》，并且内容非常集中，特别是集中在"异化劳动"的部分，但是研究者对《手稿》的理解却充满了争议。我当时就被这一现象所深深地吸引，为什么马克思的这个小册子的几句话，会对中国当代马克思主义美学起到如此重要的作用？人们究竟是从哪些方面进行阐发的？特别是当前美学转型的背景下，《手稿》是否还具有当代价值？这一系列问题深深地吸引着我。后来，和谭老师商量做这一方面的论文，他同意了。我想通过《手稿》与中国当代马克思主义美学之间的关联做一全面的梳理，找到中国马克思主义美学理论的传统和话语模式的特点。

今年4月，我去上海参加了一次"中英马克思主义美学双边论坛"的会，在会上听到来自中国和英国马克思主义美学研究者的报告和发言，深有感触，也为自己的研究增添了几分学术自信。因为在会议中讨论的一个话题是如何建立中国当代马克思主义美学，而思考这一问题的前提是中国马克思主义美学究竟有没有形成一个传统？或者说形成了一个什么样的传统？这反映出学界也在思考这一问题。

本书认为经历了20世纪五六十年代美学大讨论和80年代"美学热"之后，中国当代马克思主义美学逐渐形成了建立在实践概念范畴基础上的美学传统。这一基础的直接理论来源是《手稿》。进入20世纪90年代以后，国内美学研究似乎很热闹，后实践美学、生命美学、文化研究乃至生态美学层出不穷，但是，在一轮轮热潮之后，我们不禁追问，实践美学真的被转型或超越了吗？答案是否定的。实践美学有着特定的产生背景，也是经过美学界多位前辈反复讨论之后形成的学术流派，有着较为成熟的体系，不是找出其中的几个缺陷和问题就可以超越的。但是，时代毕竟发生了变化，实践美学也确实存在着不可避免的缺陷。回到影响实践美学建构的《手稿》本身，或许是最有效的方式。因此，对中国当代马克思主义美学传统的思考以及开拓马克思主义美学研究的未来发展，《手稿》都具有无可替代的重要的地位和价值。

书稿将要付梓之际，首先要感谢我的恩师谭好哲先生。从硕士到博士的六年中，谭老师对我们要求非常严格。他时刻要求我们多读书。他说做学问不能不读书，要多读，更要读原作，不能只看二手资料。如今回想起来，是谭老师的严格要求，使我在亦步亦趋的读书中，深刻感受

后记

到了读原作的好处。可以说，也是在那时自己才真正开始了步履蹒跚的学术研究生涯。记得当时为了课堂的讨论，去找图书馆翻阅资料，整理思路，使自己学会了想问题，也学会了如何去思考问题。同时，对我们的生活，老师在繁忙的工作之余，总会给予无微不至的关心。

另外，也感谢程相占老师。和程老师相识是从本科文学理论课开始的，拥有十年的师生之谊。严格说来，是程老师的个人魅力和讲课风格吸引我走上文学理论研究之路的。至今，我在讲课的时候经常援引程老师上课的例证，可见程老师对我影响之深。

任何研究，都是在前人研究成果的基础上进行，特别是对学术史的研究，更是如此。在博士论文的书写过程以及在书稿的修订过程中，我借鉴了前辈大量的研究成果，在此一并表示由衷的感谢。

感谢中国社会科学出版社的武云博士和门小薇老师，在本书的出版过程中，得到了两位老师的鼎立帮助。因为这是我的第一本书，对于一些出版程序以及格式都不是很了解，是她们的辛勤劳动才使本书得以最终顺利出版。

同时，也感谢我的妻子。在毕业后的四年中，她经历了怀孕、生产到育儿的过程。但是，她始终支持我做研究，放弃了个人的空闲时间，一个人承担起了全部的家务。但是，对于我少得可怜的研究成果，有时候甚至对她和孩子有种负罪感。或许，只有勤力勉励自己，多做出点成绩回报妻子的付出吧。

2011 年 5 月 7 日于曲阜

美学传统的形成与突破